世界は「e」でできている

オイラーが見出した神出鬼没の超越数

金 重明 著

JN030189

ブルーバックス

カバー装幀 ── 芦澤泰偉・児崎雅淑

カバーイラスト ── 服部元信

本文デザイン ── 齋藤ひさの

本文イラスト ── 服部元信

本文図版 ── さくら工芸社

まえがき

　中学へ行くと無理数なるものを学習する。

　$\sqrt{2}$ のような数だ。

　$\sqrt{2}$ は小数展開すると繰り返しのないまま無限に続く奇妙な数だ。それにはじめて接したときは数学という不思議な世界に飛び込んだことを実感したものだ。

　しかし $\sqrt{2}$ には $x^2 = 2$ という代数方程式の根であるという重要な手がかりがある。

　それに対し、実数のほとんどすべては、いかなる代数方程式の根にもならない数だということがわかっている。この数を超越数と呼んでいるが、超越数についてわかっていることはごくわずかに過ぎない。

　謎の存在である超越数の中で、例外的に人類が昔から親しんできたのが、π と e だ。

　e は π に比べて知名度では劣るようだが、数学における重要度は π に勝るとも劣らぬ位置にある。

　物語は、e の母胎とも言うべき指数関数が古代インドの王様を幻惑するところからはじまる。

　舞台は移り、ルネッサンス期の地中海で、高利貸の間にひそかに語り継がれていた夢の数がテーマになる。この夢の数についてのウワサは広がっていったが、その正体が明らかになるまでには数百年の歳月が必要だった。

　連続ガチャをするときにすべてはずれる確率や、複数の封筒に適当に手紙を入れた場合すべての手紙が間違えた宛名の封筒に入る確率、最良の結婚相手を選ぶ戦略を考えるときに必要となる確率などに、不思議なことに e があらわれることも知られ

るようになった。

しかしこの時点ではまだ、*e*は好事家が珍重する、知る人ぞ知る数だったに過ぎない。

この*e*の真価を発見し、檜舞台に立たせたのはかのオイラーだった。

とりわけ微分積分学の世界では、*e*がなければ夜も日も明けないと言っても過言ではない。

たとえば本書を読み進めていけば、高校や大学初年級で学ぶ超越関数がすべて*e*の一族であることが示されていく。中学、高校で学ぶ一次関数、二次関数、……や分数関数など、おおざっぱに言って「たす、ひく、かける、わる」で処理できる関数を代数関数と言い、それで処理しきれない関数を超越関数と呼んでいるのだが、超越関数と*e*とは切っても切れない関係にあるのだ。

そしてオイラーはさらに*e*の世界を拡張していき、あっと驚くような離れ業を披露する。

言うまでもなく三角関数は幾何的な操作によって定義されている。そして指数関数は代数的に定義されている。また三角関数は有名な周期関数であり、指数関数は爆発的な増加によって人を幻惑する関数だ。

このように、生まれも育ちもまったく異なる三角関数と指数関数を、オイラーは「=」で結んでしまうのである。

これが有名なオイラーの公式だ。

オイラーの公式は間違いなく近代の数学の金字塔だ。そしてこの式の主役が、われらの*e*なのである。

数学界のスーパースター、*e*の物語を堪能してもらいたい。

世界は「e」でできている ● 目次

第 6 章
数学界の5人の戦士

———— 182

第1章
人間の脳を裏切る指数関数

1│1　王、戦いを好む

　華麗な衣裳をまとった舞姫が軽やかな身のこなしで宙を舞
う。腰帯にはめこまれたさまざまな宝石が陽の光を受けて美し
く輝き、しなやかな上腕の臂鞲には大粒の真珠がはめこまれて
いる。

　舞い終えた娘が、宴の場を飾る花々がすうっと引き寄せられ
たかのような笑顔を見せ、一礼した。

　手にした杯を高くかかげて娘を賞賛したセッサが宰相に声を
かけた。

「すばらしい舞姫ですね」

　セッサの杯に酒をつぎながら宰相がこたえた。

「秘蔵の娘でしてな」

　卓の上には山海の珍味が並んでおり、セッサは年代物の美酒
に酔っていた。

楽士と舞姫を下がらせてから、宰相が改まった口調で語りはじめた。

「わが君がまた戦の準備をはじめたのだ」

　セッサが、口に近づけていた杯を止めた。

「先日凱旋したばかりと聞いておりますが」

「戦には金がかかる。財政を担う身としては実に辛い立場に追いつめられているわけだが、それよりも大きな問題は民の声だ。徴発される民の怨声は天を衝く勢いだ。しかしわが君はわれらの諫言に耳を貸そうとはしない。わが君の戦好きは、もう病気のようなものだと廷臣たちは慨嘆している」

「それはお困りでしょう」

「天下一の賢者といわれるセッサ殿に是非ともお願いしたい。何か妙案はないだろうか」

「ふむ……」

　杯を傾けながら、極端な凝り性である王の性格を吟味したセッサが、おもむろに口を開いた。

「旬日ほど時間をいただけますか。わたくしがなんとかいたしましょう」

「おお、引き受けてくれるか」

　10日後、セッサは宰相とともに王宮に向かった。

　王はセッサの姿を見ると、待ちかねた、というように口を開いた。

「天下一の賢者と言われているセッサ殿が余のために何かをこしらえたと聞いて、矢も盾もたまらぬ思いで待っておったぞ」

　一礼したセッサが静かな口調でこたえた。

「戦に勝利するために必要な条件は、兵の練度、武器の性能など多々ございますが、何よりも重要なのは将の采配の能力であ

りましょう。わが君の采配たるや、その名声は天下に鳴り響いておりますが、おそれながら麾下（ひか）の将軍の中には、彼我の軍兵の動きなどは無視して強引な力攻めをこととする方もおられます」

「うむ、その点は余も常に案じておったところじゃ。そのために必要もない兵の損失を甘受せねばならぬ場合もある」

「しかし戦場（いくさば）の機微を口で説明することはかないません。戦場で経験を積む以外にないのですが、それには何年もかかります」

「そのとおりじゃ」

「そこで、遠く戦場を離れ、居室にありながら戦場の駆け引き、その呼吸を体得できる法を考えました」

　セッサが目配せすると、従者が2人がかりで荷物を運び込んだ。大きな板の上に、兵士はもちろん、象兵、騎兵、戦車などの精妙な模型が並び、それぞれ陣形を組んで対峙している。

「ほお……」

　王が身を乗り出した。

　セッサがおもむろに説明をはじめた。

「これは戦場です。戦場の広さは、縦が8マス、横が8マスになっています。それぞれの陣の最前線に並んでいるのは兵で、兵は1度に1マスずつ前進します。戦がはじまりますと、象兵は重厚な攻撃で敵の陣を蹂躙（じゅうりん）し、騎兵は軽妙な動きで敵を幻惑し、戦車はその機動力を生かして敵陣の奥深くへと突撃します。王は後方で全軍を指揮し、近衛の士が王を補佐します」

　若い頃に世界を旅して回ったセッサは、ある地方で職人たちがシャトランガという4人で争う盤戯を楽しんでいる場に出くわした。そのシャトランガに興味を持ったセッサは、盤や駒、

ルールなどを詳しく記録に残しておいた。今回、宰相からの依頼を受けたセッサは、シャトランガを改変してふたりで争う戦を模した盤戯にしたならば、凝り性の王はこれに夢中になるはずだ、と考え、熟練した職人を集めて10日間でこれらの盤と駒を作らせたのである。

　王は、精妙に作られた象兵や騎兵などの駒を見ただけで興奮していた。説明を聞き終えた王は早速、対戦することを要求した。

　盤上では、血煙が月を蒼く彩る激戦が繰り広げられているように見えたが、実際はセッサが、盤戯には素人の王を適当にあしらっていたに過ぎない。最後はうまく1手差に持ち込み、ぎりぎりでセッサが勝ったように見せかけた。

「ムウ……」

　絶句した王に対して、セッサは王の敗着を指摘した。

「ここでこのように進んでいれば、わが陣はいかな名将が采配を取ったとしても、持ちこたえることはできなかったはずです」

　王は喜色を露わにした。

「おう、そうか、なるほど。つまりここで戦車が戦機をとらえることができず前進を躊躇したのが問題であったわけだな。戦車長は軍律によって厳しく裁かねばならぬ。ともあれ、このまま終わるわけにはいかぬな」

　駒が並べられ、次の戦がはじまった。

　勝ったり負けたりを繰り返したが、セッサは常に1局か2局勝ち越すように調整した。やめるきっかけが得られぬまま、対局は明け方まで続いた。

　翌日から、王は将軍や廷臣たちを相手に、夢中になって対局

を繰り返した。盤戯の才があったのか、あるいは将軍や廷臣たちが王に遠慮してわざと負けていたのかは明らかではないが、ともかく王は圧倒的な勝率を誇り、有頂天になった。

　数日後、王はセッサを呼び出した。

「おまえの発明に余は大いに満足しておる。おまえに褒美を与えよう。どのようなものでも望むものを与えようぞ」

「過大な讃辞、まことにありがたく存じます。わが君の広き心を前にして、多くのことは望みません。わたくしはただ、いくばくかの小麦をいただければそれで満足です。この盤の隅のマスに1粒、次のマスには2粒、その次のマスには4粒、さらにその次のマスには8粒、というようにマスが1つ進むごとに小麦の粒を2倍にしていき、この盤の最後のマスにいたるまでの小麦をお与えください」

　王は笑いを漏らした。

「実につつましい望みだな。その程度では、余の感謝の意を尽くすことはできぬ。何でも良いぞ。もっと多くを望め」

「いえ、わたくしめにはこれで充分でございます」

　からかわれているとでも思ったか、王は渋面を見せた。

「それでは余の意を尽くせぬと言ったではないか。小麦は与えよう。余はおまえに莫大な褒美を与えたいと思っておる。他に望むものを言え」

「もう他に望むものはありません」

　王は廷吏に、セッサに小麦を与えるように命じてから、拗ねたような様子でセッサに言った。

「下がってよい」

　それからも王は連日連夜この盤戯に夢中になり、戦の件は自然と沙汰止みとなった。

　何日か経って、思いだしたように王が廷吏に訊いた。
「あの愚か者のセッサとやらに小麦を与えたのか」
　口ごもりながら廷吏がこたえた。
「いえ、それが、まだ……」
　王が声を荒らげた。
「なんと。何をしておるのだ」
「小麦の粒が何粒になるのかを算士に計算させているのですが、まだ結果が出ておりません」
「その程度の計算ができないで、何が算士だ。明日までに計算を終えよ」
　廷吏は蒼い顔をして退出した。
　しかし翌日になっても計算は終わらなかった。王は算士の無能のせいだと判断し、その算士を解雇し、近隣に名の知られた算士を雇った。しかしその算士もまた、なかなか結果を出すことができなかった。

　何日にもわたる不眠不休の作業の末、やっと結果が出た。それを報告するため、廷吏が王の前に進み出た。

「それで、あのセッサとやらに小麦を与えたのか」

「おそれながら申しあげます。わが王国の蔵にあるすべての小麦を集めても、いえ、地上にあるすべての小麦を集めても、あの男が要求した小麦の量にはおよびません」

「そんな馬鹿な」

「いえ、計算の結果、そうなります」

「いったい何粒の小麦が必要だというのだ」

「1844京6744兆0737億0955万1615粒でございます」

　その数字を聞いても、王にはどれほどの量であるか見当もつかなかった。廷吏の説明を聞いた王は、首を振った。

「セッサとやら、とんでもない男だな」

1│2　進化する将棋

　将棋の起源と言われる説話を適当に翻案したものだ。同じような説話は全世界に残っており、日本にも曽呂利新左衛門の逸話として伝わっている。

　将棋のような日常的なゲームは記録に残りにくく、歴史的な研究は難しいが、その起源が古代インドであり、それが各地に広がったというのが定説になっている。将棋は各地方で独自の発展を遂げた。たとえばモンゴル将棋（シャタル）は駒の名がすべて動物になっている、というような具合だ。

　将棋の発展の歴史は、将棋というミームが淘汰され、進化していく歴史であり、生物の進化の縮小版を見るようでなかなか興味深い。将棋はまず、駒が強力になる、という方向に進化した。そしてそれと同時に、盤が巨大化していき、駒の種類も増

えていった。文献には残っているが、実際にプレイされたとはとても思えない怪物のような将棋の記録も残っている。何しろそこに記録されているのは、盤に駒を並べるだけでも何日もかかりそうなとんでもない代物なのだ。

どんどん巨大化していった将棋が、あるとき突然拡大を止め、今度は逆に縮小していき、駒の種類も少なくなっていく。現在生き残っている将棋は、盤の大きさも駒の種類の数も似たり寄ったりだ。

ある囲碁の棋士が囲碁の魅力について、人間にわかりそうでわからないその境目に惹きつけられる、と言っていたが、将棋の進化もまた、人間の脳の理解の限界をちょっとだけ超えたところに落ち着いたようだ。

現在、世界には西洋将棋（チェス）、朝鮮将棋（チャンギ）、中国将棋（シャンチー）、日本将棋などの将棋があり、それぞれ数百万のファンをかかえ隆盛を誇っている。その他にはタイ将棋（マークルック）、モンゴル将棋（シャタル）、エチオピア将棋（セヌテレジ）など多々あるが、競技人口はそれほど多くないという。

どの将棋も、1手ずつ駒を動かし、最後に王を詰めれば勝ち、というルールはおおむね同じだ。ところが日本将棋にだけ、取った相手の駒をこちらの駒として再使用できる、という独特のルールがある。

このルールの発明は、将棋の世界ではその世界観の根本を揺るがすような歴史的大事件だった。このルールのおかげで、日本将棋は世界の将棋の中で独特の地位を占めることになった。

取った駒は、基本的に盤上のすべてのマスに打ち込むことができるので、駒を取った瞬間、手の選択肢が飛躍的に増加す

る。とりわけ双方の駒の多くが盤上から消え去る終盤の場合、普通の将棋は手の選択肢が極端に少なくなりゲームが単純化していくが、日本将棋の場合は持ち駒（盤上のどこにでも打ち込むことのできる駒）の数が増えていくにつれ手の選択肢が激増していく。

　AIが人間を負かすのに、日本将棋の場合に特に時間がかかったのも、このルールがあるためだ。

　どうして日本将棋にだけこんなルールがあるのか、いろいろな説があるが、日本将棋の駒の独特な形のせいだ、というのが一番有力な説だろう。

　多くの将棋は立体的な形で駒を区別し、色によって敵味方を類別している。朝鮮将棋と中国将棋は駒に文字を書いて区別しているが、駒の形は正8角柱や円柱で、文字の色で敵味方を類別している。

　これでは取った敵の駒をそのまま再使用することなどできない。

　それに対して日本将棋の駒は、方向のある5角柱で、向きを変えるだけで敵の駒が味方の駒になる。実際、日本将棋の駒で対戦した場合、取った駒を再使用するというのはすぐに思いつくことだろうと思われる。

　では、どうして日本将棋の駒だけこのような独特な形になったのだろうか。確かなことはわからないが、使用済みの木簡を使って駒を作ったためではないか、とも言われている。実際、木簡を切り取って作ったと思われる、長方形の先をとがらせただけの駒も出土している。

　たとえば、暇をもてあました下級官吏が、使用済みの木簡で駒を作ったのだと想像すると、思わずにやりと笑いたくなる。

こんな調子だ。

　　仕事を終えた平中が大きく伸びをした。

「やっと終わったぞ。おい、オト、一勝負といこう」

　　木簡を整理していたオトが、振り返りもせずにこたえた。

「駒がないじゃないか」

「駒か、ううん……」

　　平中が、捨てられていた使用済みの木簡を拾い上げた。

「これで作ればいい」

　　平中の手にある木簡を見て、オトが苦笑した。

「そんな薄っぺらな板でどうやって駒を彫るんだ」

「彫る必要なんかない。こうやって……」

　　刀で木簡の端を器用に切り出した平中が、今度は筆を手にした。

「ここに駒の名前を書けばいい」

　　木片に「金将」と書き付けた平中が、それをオトの目の前にさしだした。

「お、なかなかうまい思いつきだな」

　　早速駒造りがはじまる。平中が木簡を切り出し、そこにオトが駒の名を記していく。あっという間に36枚の駒ができあがった。

　　初期の日本将棋は、「飛車」「角行」の駒がなく、全部で36枚だったと伝えられている。

　　地面に線を引くと、戦場ができあがった。36枚の駒が並べられる。すぐに白熱した戦いがはじまった。

　本当はどうだったのかは永遠に解くことのできない歴史の謎
だろう。しかしどこかで誰かが偶然思いつき、それが広まった
というのはまず間違いないと思われる。このような小さな偶然
が、取った駒を再使用するルールの発明という歴史的大事件に
つながった、と考えるとわくわくしてくる。

　第6章で述べるバタフライ効果の一例と言えるだろう。

1│3　王様も腰を抜かす指数関数

　セッサの物語を持ちだしたのは、将棋の歴史について語りた
かったからではない。本論に戻ろう。

　セッサの要求をまとめると次のようになる。

　　　1番目のマス　　　　　小麦1粒
　　　2番目のマス　　　　　小麦1×2粒
　　　3番目のマス　　　　　小麦1×2×2粒
　　　4番目のマス　　　　　小麦1×2×2×2粒
　　　…

　これを64番目のマスまで続け、それを全部くれ、と言ってい
るのだ。

　ここで、$2×2×2×\cdots$を64番目のマスまで続けて書くのは大
変なので、次のような記法を使うことにしよう。

$$2×2 = 2^2$$
$$2×2×2 = 2^3$$
$$2×2×2×2 = 2^4$$
$$\cdots$$

　つまり2^nのように2の肩の上に乗っているnは、2をn回か

19

け合わせることを意味している。

　ご存じのとおり、この n を指数と呼ぶ。

　指数の計算にはおもしろい法則がある。

$$2^5 \times 2^3 = (2 \times 2 \times 2 \times 2 \times 2) \times (2 \times 2 \times 2) = 2^{5+3} = 2^8$$

かけ算が足し算になってしまうのだ。

　同じようにして割り算を考えてみよう。

$$2^5 \div 2^3 = \frac{2^5}{2^3} = \frac{2 \times 2 \times 2 \times 2 \times 2}{2 \times 2 \times 2} = 2^{5-3} = 2^2$$

割り算は引き算になる。

　もうひとつ、

$$(2^2)^3 = (2 \times 2) \times (2 \times 2) \times (2 \times 2) = 2^{2 \times 3} = 2^6$$

これらは、指数法則とも呼ばれている。まとめておこう。

指数法則　$2^n \times 2^m = 2^{n+m}$

$2^n \div 2^m = \dfrac{2^n}{2^m} = 2^{n-m}$

$(2^n)^m = 2^{n \times m}$

　指数を使ってセッサの要求を整理してみる。

　　1マス目　　　1
　　2マス目　　　2
　　3マス目　　　2^2
　　4マス目　　　2^3

...

n マス目　　　2^{n-1}

...

64マス目　　　2^{63}

　王宮の算士はこれらをひとつひとつ計算してから足していったらしく、おかげで幾日も徹夜することになった。これをもう少し簡単に計算する方法がある。

　いま、1, r, r^2, $\cdots$, r^{n-1}をすべて足しあわせた量をSとしよう（$r \neq 1$）。つまり、

$$S = 1 + r + r^2 + r^3 + \cdots + r^{n-2} + r^{n-1}$$

　これにrをかけたもの、つまりrSとSとの差を考えると、r, r^2, r^3, $\cdots$, r^{n-1}はすべて相殺されて消える。

$$
\begin{array}{rl}
rS = & r + r^2 + r^3 + \cdots + r^{n-2} + r^{n-1} + r^n \\
-\ )\ \ S = & 1 + r + r^2 + r^3 + \cdots + r^{n-2} + r^{n-1} \\
\hline
rS - S = & -1 + r^n \\
(r-1)S = & -1 + r^n \\
\end{array}
$$

$$S = \frac{r^n - 1}{r - 1}$$

　仮に、$|r| < 1$であれば、$n \to \infty$のとき$r^n \to 0$なので、Sは次のようにより簡単な式になる。

$$S = \frac{1}{1 - r}$$

　セッサの要求は、$r = 2$, $n = 64$の場合だったので、次のようになる。

$$S = 1 + 2 + 2^2 + 2^3 + \cdots + 2^{63} = \frac{2^{64}-1}{2-1} = 2^{64} - 1$$

　では、セッサの要求である小麦約1840京粒がどれほどの量になるか考えてみよう。小麦1粒は0.03〜0.04gほどなので、少なく見積もって0.03gとした場合、その重さは、

$$1840京 \times 0.03g = 55.2京g = 552兆kg = 5520億t$$

となる。

　2018年の日本の小麦生産量は約76万t、世界でもっとも小麦生産量が多かったのは中国だが、その生産量は約1億3000万tだった。世界全体の小麦生産量は7億t強だったという。

　セッサの要求した小麦約5520億tが、古代インドの一王国がまかなえる量でなかったことは明らかだ。

　このように、ある量を累乗していく関数を、指数関数と呼んでいる。式で書くと次のようになる。

$$y = ar^n \quad (a \neq 0)$$

　ここでポイントとなるのはrだが、$r=0$ではすべてのyが0になるのでおもしろみがなく、$r<0$ではyが正になったり負になったりと大変なので、$r>0$としておく。また$r=1$のときは常に$y=a$となって無味乾燥なので、普通は$r \neq 1$とする。このrを底と呼ぶ。

　本書の主人公は言うまでもなくeだが、実はこの指数関数は、eとは切っても切れない関係にあるパートナーなのだ。

　セッサの要求した小麦をあらわす指数関数は、$a=1$，$r=2$の場合なので次のようになる。

$$y = 2^n$$

この指数関数というやつは、人間の常識を突き抜けた変化をしてしまう。セッサの要求をはじめて聞いた人は、あの王様のように、欲のないやつだ、と思うはずだ。マスを進めるごとに小麦の量が増えていくのはわかるが、わずか64マス程度であれほど爆発的に増加するなどと想像することはできない。

もうひとつ、意外さではセッサの要求に劣らない例を紹介しよう。

紙をふたつに折る。当然厚さは2倍になる。続けて折る。厚さは2倍の2倍なので、もとの紙の厚さの4倍になる。

さらにもう1度折る。厚さはもとの紙の8倍になる。

もうお気づきだろう。この場合も次の指数関数になる。

$$y = 2^n$$

では、絶対に不可能だが、紙を30回折ったらどうなるだろうか？

その厚さは、

$$y = 2^{30} = 10億7374万1824$$

なんと、約10億倍になるのだ。

普通のコピー用紙の厚さは0.09mmほどだそうだから、コピー用紙を30回折ったときの厚さは、

$$1073741824 \times 0.09mm = 96636764.16mm$$
$$= 96636.76416m$$
$$= 96.63676416km$$

世界最高峰であるエベレストの標高が8849mだそうだから、その10倍以上になる。たった30回紙を折るだけで、その高さがエベレストの10倍以上になると想像できる人がいるだろうか。

　もうひとつ、次の問題を考えてほしい。

> 　1分で2つに分裂する細菌がある。つまり1匹の細菌が、1分後には2匹、2分後には4匹、3分後には8匹というように増えていく。あるビンの中に1匹の細菌を入れると、60分後にビンは細菌で一杯になってしまう。
> 　では、最初に2匹の細菌を入れると、ビンに一杯になるまでに何分かかるだろうか。

　こたえは当然30分だろう、と思った方が多数だと思う。しかしよく考えてほしい。最初に1匹入れた場合、1分後には2匹になり、その59分後にビン一杯に増えているのである。

　最初に2匹入れた場合もこれと同じはずだ。

　つまり正解は59分ということになる。

　感染症の拡大もまた、指数関数的な現象だ。

　実効再生産数が2であるとしよう。実効再生産数とは、1人の感染者が何人の人を感染させるか、という数だ。

　実効再生産数が2であれば、1人の感染者が2人の感染者を生む。するとその2人の感染者が4人の感染者を生み、その4人が8人を感染させるというように、感染者は指数関数的に増加していく。

　新型コロナの初期の感染対策に多くの国が失敗したのも、感染が指数関数的に増加していくことが多くの政府担当者に理解

できなかったためなのかもしれない。

　これらの例に見られるように、指数関数は人間の感覚を常に裏切る。ビンの中に2倍の細菌を入れたなら、細菌が一杯になるまで $\frac{1}{2}$ の時間がかかると考えるのが人情だ。普通の人は、紙を30回折れば、厚さは30倍になり、小麦を増やすマスが64個なら小麦の量は64倍になると考える。

　つまり人間の脳の働きは、正比例を基本にしている。カッコヨク表現すれば、線形思考だ。線形という言葉は、正比例のグラフが原点を通る直線だということからきている。

　原因が a 倍になれば結果も a 倍になる写像を考えよう。

　ここで「写像」という言葉を使ったが、他意はない。「写像」は「関数」と同じ意味だと思っていい。

　1対1対応または多対1対応を関数という。つまりあるものとあるものが対応しており、その行き着く先がただひとつである場合を関数と呼んでいる。

　多価関数などという例外もあるのでちょっとややこしいが、多くの場合そんなことは気にしなくてよい。

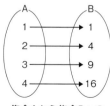

集合Aから集合Bへの
1対1対応

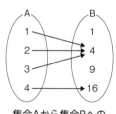

集合Aから集合Bへの
多対1対応

ただ、関数という言葉を使うと、そこに「数」という文字が入っているので、数と数の対応でなければならないかのような気分になる。そんなことはないのだが、気分の問題なのでどうしようもない。そこで数以外のものが対象となったとき、写像という言葉を使いたくなるのだ。

　この場合も、数と数の対応ではないので、つい写像という言葉が出てきた、というだけの話だ。関数だと思ってくれても何の問題もない。

　原因 x の結果を $f(x)$ としたとき、原因が a 倍、つまり ax となったとき、結果も a 倍になることを式であらわせば次のようになる。

$$f(ax) = af(x)$$

　さらに、原因がふたつあれば、それぞれの結果をあわせたものが全体の結果になる、というのも人間の常識になっている。これも式で書いてみよう。

$$f(x+y) = f(x) + f(y)$$

　原因 x による結果が $f(x)$ であり、原因 y による結果が $f(y)$ であるとき、原因 $(x+y)$ による結果 $f(x+y)$ が $f(x)$ と $f(y)$ の和に等しい、という意味だ。

　任意の x，y，a についてこの関係が成り立つ写像 f を、線形写像と呼んでいる。

　言葉は難しいが、人間の思考に一番しっくりとする写像だ。

　大学で学ぶ数学はだいたい線形代数と微積分だが、線形代数はこの線形写像が保たれる世界の話だ。

　線形代数では抽象的な議論が続くので、多くの学生が悪戦苦

闘する。しかし落ち着いて考えれば人間の脳に一番フィットする変換についての研究であり、けっして難しくはないはずなんだが……。

1│4　ダマされたのは石器時代の脳のせい

　人間の脳はなぜ線形思考をするように進化し、指数関数的な思考をするように進化しなかったのだろうか。もし指数関数的な思考をするように進化していたなら、王様もセッサにダマされはしなかったはずだ。

　人類史上もっとも偉大な思想家はダーウィンであると言う人がいるほど、ダーウィンの思想は大きな影響を及ぼした。

　ダーウィンの進化論はふたつの柱から成り立っている。

　ひとつは、この世に生を受けた生物の多くは、子孫を残すまで生き残ることはないという冷たい方程式だ。

　そしてもうひとつは、親から子へ形質が遺伝するとき、変異が起こることがあるという事実である。

　このため、その環境により適応した生物が生き残り、進化していく。

　進化論そのものがダーウィンの時代以後大きく発展し、変化していったが、この根本的な枠組みは変わっていない。進化についてはまだまだわからないことだらけで、それだけに進化論もこれから大きく変わっていくはずだが、この基本的な原理だけは変わらないはずだ。

　考えてみればごくあたりまえのことであり、ダーウィン以前にどうして誰もこのことに気づかなかったのか不思議に思うほどだ。

　ダーウィンの進化論は発表当時からさまざまな議論の対象と

なり、誤解されることも多かった。

　よくある誤解のひとつは、弱肉強食、優勝劣敗、生存競争などの言葉から引き起こされた。生物同士が、生き残りをかけて血みどろの闘争を繰り返し、その勝者が生き残り、進化した、というイメージである。

　しかしダーウィンの進化論のふたつの柱を考えれば、生物同士が牙をむきだしにして戦う、というような競争をして進化したのでないことはすぐにわかる。

　たとえば、光の明暗を区別しうる原始的な目を獲得した生物が、そうではない生物に比べ容易に餌を見つけることができ、その多くが子孫を残すまで生き残る、というような競争が、進化のための競争だ。

　優勝劣敗というのも誤解を招きやすい言葉だ。

　進化の競争で生き残るのは、その環境により適応した生物であり、決して優れた生物ではない。環境が変化してそれまで有利だった形質が不利な形質になり、進化の方向が変わるというのは頻繁に見られる事例だ。

　親から子に受け継がれる形質の変異はまったくランダムに起こる。方向性や目的というようなものはない。完全に滅茶苦茶に変異するのだ。ほとんどの変異は生存に不利に作用する。したがって生き残ることはできない。ごくまれに、生存に有利に作用する変異が起こり、そのような変異が自然選択によって生き残るのである。

　これはいくら強調しても足りないぐらい重要な点だが、自然選択はただその環境で生き残るのに有利であるかどうかでだけ決まるのであり、そこに価値判断などが入り込む余地はない。

　生き残ったのは環境に適応していたからであり、決して優れ

ていたからではない。

　弱肉強食という言葉も、餌になる生物の方がそれを食べる生物より劣っているイメージを引き起こす。食物連鎖のピラミッドの頂上にあるのが一番エラいのだ、というイメージである。

　しかしこれもとんでもない誤解だ。

　たとえば、ウサギとオオカミを考えてみよう。戦えばオオカミの方が強く、ウサギはオオカミの餌になる。しかし現在、ウサギは繁栄して山野を埋め尽くしているのに、オオカミは絶滅の危機にさらされている。生存戦略としてオオカミの方がウサギより優れている、などということは言えないのだ。

　そもそも、ダーウィンの言う生存競争は、同じニッチ（生存のために必要な資源や空間など）を共有する生物の中で、生存する確率の差が進化を促すという考えであり、基本的に異なる種の間での競争を意味していない。

　人類がチンパンジーやボノボとの共通祖先から枝分かれしたのは、700万年ほど前だといわれている。ここも注意が必要で、ヒトはチンパンジーやボノボから進化したのではなく、共通祖先から枝分かれしたのだ。その後、ヒトもチンパンジーもボノボも、同じ時間をかけて進化し、現在の姿になった。

　現生人類が14万〜20万年前にアフリカで生まれたという点について、世界の学者の意見は一致している。その後アフリカを出て、さまざまな地域で肌や瞳の色などの変化が起こった。しかしその変化は非常に微細であり、今生きている人類は現生人類ただ1種である。

　We Are All Africans.──おれたちみんなアフリカ人、というのは進化学者の間では常識だが、人類全体の常識になってほし

いと思う。

　生物の種とは何か、というのは難しい問題だが、有性生殖をする生物の場合、セックスによって生殖可能な子供が生まれるかどうか、がひとつの基準になる。現生人類の場合、どんな遠隔地に住んでいた男女でも、恋に落ち、子を産むことが可能だ。つまり種として区別することはできない。

　人類はチンパンジー、ボノボとの共通祖先から枝分かれして以後、さまざまな進化を繰り返し、いくつもの人種が生まれ、滅亡していった。そして今生きているのはすべて同じ人種なのだ。

　さらに、ミトコンドリア・イブや染色体アダムの例を持ち出すまでもなく、現生人類はみな血縁関係にある。ものの喩えではなく、実際に血がつながっている。

　○○人は××だ、というような考えが原理的に非科学的だということが理解できよう。

　現生人類はアフリカで生まれてから20万年ほどの間、石器時代と呼ばれていた期間、数人からせいぜい100人程度の集団を作り、狩猟、採集の生活を送っていたと考えられる。これは、さまざまな化石資料と、文明化されていない人々についての文化人類学の研究によって推定される事実だ。

　かれらの生活は極端に平等主義的なものだったらしい。また老人、幼児、障碍者などをみなで守るような社会だったという証拠もいろいろ残っている。

　かれらの社会が地上の楽園のようであった、と言うつもりはない。飢えに苦しみ、牙を持った猛獣に脅える生活は楽なものではなかったはずだ。それだけにかれらはみなで助け合って、

何とか命をつないできた。

わたしたちの脳はこのような環境に適応してできあがった。

1899年、長身のイギリス紳士、アーネスト・ラザフォード（1871〜1937）は、アルミ箔にα線を当てる実験をして、腰をぬかしそうになった。ほとんどのα線がアルミ箔を通過したのだ。石壁に卵を投げつけたら、卵は割れもしないで石壁を通過した、というような事態だったのである。

その後、実験を続けたラザフォードは、驚愕の事実を発見する。物質を構成する原子は、スッカスカだったのだ。たとえて言えば、野球場ほどの空間の真ん中にリンゴがおいてあるようなものだ。リンゴ――原子核――以外の部分は何もない空間だった。

しかしわたしたちの目には、目の前にある堅固な岩が見える。その岩がスッカスカであるなど、想像することもできない。

なぜか。

わたしたちの目が可視光線という狭い範囲の電磁波のみを感知するようにできているからだ。もしX線やもっと波長の短い電磁波を感知するように進化していたなら、原子がスッカスカであることも納得しただろう。しかしそのように進化していたなら、目の前の岩を通り抜けられると錯覚し、岩に激突して大変な目にあっていたかもしれない。

石器時代の生活に適応した結果、目は可視光線のみを感知するようになり、今目にしているように現実が見えるようになったというわけだ。

言葉を換えて言えば、わたしたちが目にしている現実は現実そのものではない、ということになる。わたしたちの目が感知

しうる可視光線をもとに、わたしたちの脳が再現した光景を現実だと思っているに過ぎない。

　このことを知ったとき、わたしはめまいに襲われたような衝撃を受けた。映画『マトリックス』の世界に生きているかのような気分だ。しばらくの間、一歩を踏み出すごとに、そこには目に見えない深淵があるのではないか、というおそれから自由になれなかった。

　わたしたちは現実を見るとき、光を媒介として利用している。光は電磁波の一種だが、わたしたちの目がとらえることのできる光——可視光線——は極めて狭い範囲の波長の電磁波に過ぎない。わたしたちの目がもっと広い範囲の波長をとらえることができたなら、現実はどのように見えるのだろうか。

　たとえば紫外線を感知できるフィルムで花の写真を撮ると、想像もしていなかった奇妙な模様があらわれたりする。わたしたちの目を奪う美しい花々は、昆虫を誘うことを主目的として進化したものだが、ヒトには感知できない紫外線の「色」をも用いていたのである。

　昆虫もまた、花が発するメッセージを読み取るために、紫外線を感知しうる目を進化させた。みずから進んで花の仕掛けた進化の罠にはまっていったのだ。美女の尻を追うヒトの男たちがみずから進んで進化の陥穽にはまっていくのと同じように。

　ここで「罠」とか「メッセージ」とかの言葉を使ったのは、そこに何らかの意図や意志の力がはたらいていると言いたいからではない。ヒトの脳は擬人化を好むので、このような言葉を使うと理解が進むからだ。

　猛獣を目にしたり、危険な自然現象に遭遇したとき、その物理的、化学的、あるいは生物学的な構造を分析して行動を決め

るより、そこにヒトの心のような意志があると想像して行動する方がずっと安上がりで素速い決断を可能にし、生存の確率を高めただろうことは容易に想像できる。そのため、狩猟、採集で暮らしていた長い期間に、森羅万象が心を持っているかのように感じるよう脳が進化したのだと思われる。

　どの民族も大なり小なりアニミズムの伝統を有していることも、このことから説明できる。宗教もまた、ヒトの脳がそのようにできているから生まれたのだろう。

　科学技術の発展はめざましく、ヒトはたとえば核兵器を持つまでになったが、その一方で多くのヒトが神を信じているという、滑稽でありかつ危険な状態に人類がおかれているのも、ヒトの脳がそういう仕組みになっているからだと言える。

　石器時代の生活に適応するように進化していった脳の話を続けよう。

　20世紀の半ば、アナキストとしても知られている言語学者のノーム・チョムスキー（1928〜）は『生成文法』という画期的な理論を発表した。ヒトの赤ちゃんは、最初に接する言語がどのようなものであれ、驚くほど短期間にその言語を習得する。これはヒトの脳に、あらゆる言語に通じる普遍的な言語機能が備わっているからだ、という理論だ。

　ヒトの脳が普遍的な言語機能を備えるようになったのは、この石器時代であったと思われる。そしてヒトの脳は、普遍的な言語機能と同じように、普遍的な数学機能をも備えている。

　動物や鳥などが数をかぞえられる、という話が伝えられることはある。たとえば賢いカラスの話などは実に興味深い。しかし動物や鳥が、抽象的な数を理解しうるとは思えない。

ヒトの赤ちゃんは、わりと早い時期に３つのお菓子と３つの
リンゴから「３」という抽象概念を獲得していく。幼児になれ
ば３つの物体と３日という時間の関係も理解する。ヒトの脳が
普遍的な数学機能を備えている証拠だ。

　普遍的な数学機能には関数も含まれている。それもやはり石
器時代の生活の中でつちかわれたものだ。そこでは、たとえば
２倍の薪をくべれば火は２倍長持ちする、１日かかって２個の
石器をこしらえることができるなら３日では６個の石器を作れ
る、というように、ほとんどの関数は正比例だったはずだ。

　農耕がはじまり、財産の蓄積が可能になると、人類の社会は
ドラスティックに変化した。歴史時代のはじまりだ。しかし、
わずか6000年の歴史時代など、人類の夜明けからの20万年に比
べると一瞬にしか過ぎない。その間の進化など微々たるものだ
ったはずだ。わたしたちの脳は、石器時代の生活に適応したま
ま、それほど変化していないと思われる。

　つまりわたしたちは、石器時代の脳のまま、たとえば核兵器
などというとんでもないものを手にしてしまったわけだ。現代
社会のさまざまな問題は、異様に発展してしまった人類社会
と、石器時代そのままの脳との齟齬の結果であるとも考えられ
る。

　王様がセッサの罠にはまってしまったのは、王様の責任では
なく、王様の脳がそのようにできているからだ。あなたが指数
関数的な事象に驚くのも、あなたのせいではなく、あなたの脳
が線形思考をするように進化した結果なのである。

　もしあなたが、指数関数的な事象をごくあたりまえだと感じ
られたなら、あなたは次世代の人類、新人類であるかもしれな

い。それが祝福されるべきことかどうかはわからないが。

1│5　eとは何者なのか？

現代の環境は、ヒトの脳がはぐくまれた石器時代とはまったく異なったものになっている。ヒトが接する森羅万象の中に、指数関数的な現象もまた爆発的に増加している。

指数関数を表現するとき、その底にはいろいろな数が入りうる。直感的に便利だと思われる底は次のふたつだろう。

$$y = 2^x$$
$$y = 10^x$$

しかし、ひねくれ者の数学者たちは、わざわざ「e」という奇妙な数を用いる。

$$y = e^x \qquad e = 2.718281828459045\cdots$$

いくら常識の通じない数学者連中といえども、一般人を幻惑するためにeを用いているわけではない。そこにはそれなりの理由がある。

eとは何者なのか？

第2章

高利貸の究極の夢

2|1　eの正体

　貨幣の起源は物々交換だ、というのが経済学の常識だ。

　人々はもともと物々交換をしていたが、物々交換が成立するためには双方の要求が一致しなければならない、という隘路（あいろ）がある。たとえば、山の男が獲物の肉を持って海へ行き、海の男が釣った魚と交換する、という場合は物々交換が成立するが、山の男が欲しているものが魚でない場合、物々交換は成立しない。そこで人々は、直接必要とはしていないが価値のある商品を媒介とするようになった。そしてその媒介となる商品がやがて、イオン化傾向が低く自然に変化することのない金などの貴金属になった、というわけである。

　たとえばマルクスの『資本論』の最初の方に、貨幣が物々交換によって発生する経緯についての詳しい解説がある。かなり説得力のある議論で、それを読んだときわたしはすっかり騙さ

れてしまった。

　しかし現在、多くの歴史学者や文化人類学者がこの説に疑義を呈している。

　そもそも、歴史的な史料を渉猟しても、文明化していない人々についての文化人類学の研究を見ても、物々交換の市場というものは見当たらない、というのだ。物々交換の市場が存在しなかったのなら、物々交換によって貨幣が生じたという説は根本からくつがえされることになる。

　そこから、たとえば文化人類学者のデイヴィッド・グレーバー（1961〜2020）は実に興味深い議論を展開していくのだが、それに深入りしてしまうとまた大きく脱線してしまうのは目に見えているので、ここは心を強く持って自制することにしよう。

　ともかく貨幣があれば、負債が生じ、負債があれば利子がつく。利子は利子を生み、雪だるま式に増えていく。

　そう、利子は指数関数的に増加するのだ。

　かつて日本には、「トイチ」と呼ばれる悪徳高利貸がいたという（今もいるのかもしれないが）。トイチとは、10日で1割の利子を取るという意味だ。10日で1割なら大したことない、と思うかもしれないが、これがとんでもないことになる。

　まず、最初の10日でどうなるかを計算しよう。

　1割は $\dfrac{1}{10}$ なので、

$$1 + \dfrac{1}{10} = 1.1$$

と1.1倍になる。では20日、30日、40日、50日、……と経過するとどうなるだろうか。

$$20日 \quad \left(1 + \frac{1}{10}\right)^2 = 1.21$$

$$30日 \quad \left(1 + \frac{1}{10}\right)^3 = 1.331$$

$$40日 \quad \left(1 + \frac{1}{10}\right)^4 = 1.4641$$

$$50日 \quad \left(1 + \frac{1}{10}\right)^5 = 1.61051$$

…

50日で1.6倍、とはかなり負担になる金額だ。ではそのまま約1年、360日放置してみよう。

$$360日 \quad \left(1 + \frac{1}{10}\right)^{36} = 30.9\cdots$$

なんと30倍を超えてしまうのだ。

100万円借りて1年間放置したら3000万円になってしまうのである。

利子はこのように怪物のような存在なので、中世のカトリックでは利子を取ることが禁止されていたらしい。そのため、シェークスピアの『ベニスの商人』のように、主としてユダヤ教徒が金貸し業を営んでいたという。またイスラム教の教義でも利子の取得は禁止されていたので、イスラム銀行は信頼する事業者に出資し、利子を取るのではなく原則として共同経営のような形で利益を得るらしい。

しかしどのような形であれ、経済が発展するところでは金貸し業も同じように繁栄していく。

西洋のルネッサンス期、地中海の高利貸の間に「夢の数字」

についてのウワサが広がっていった。

　まず、年利100％で貸し付けた場合、1年後の元利合計は

$$1 + 1 = 2$$

と2倍になる。これを同じ年利で、半年ごとに利子を貰ったとすると、

$$\left(1 + \frac{1}{2}\right)^2 = 2.25$$

　1年を3つに分割すると、

$$\left(1 + \frac{1}{3}\right)^3 = 2.37\cdots$$

　1年を4つに分割すると、

$$\left(1 + \frac{1}{4}\right)^4 = 2.44\cdots$$

このように増えていく。

　では1年を無限に分割し、各瞬間に利子を取ったらどうなるだろうか。

　いわば高利貸の究極の夢だ。

　元利合計は無限に増えるようにも思えるが、そうではない。これがある値に収束する、というウワサはささやかれていたが、その深い意味を知る者は誰もいなかった。

　このウワサの数こそ、e なのだ。

　まず、この数字がどうなっていくか、観察していくことにしよう。1年を n 個に分割した場合の元利合計を $f(n)$ とすると、計算式は次のようになる。

$$f(n) = \left(1 + \frac{1}{n}\right)^n$$

では、具体的にいくつか求めていってみよう。

$f(10) = 2.5937424601$

$f(11) = 2.60419901189753\cdots$

$f(12) = 2.61303529022467\cdots$

なかなか収束しそうにない。もう少しやってみる。

$f(100) = 2.70481382942152\cdots$

$f(200) = 2.71151712292937\cdots$

$f(300) = 2.71376515794272\cdots$

2.71までは確定できそうだが、その次はまだわからない。さ

らにもっと先まで行ってみよう。

$$f(1000) = 2.71692393223589\cdots$$
$$f(2000) = 2.71760256932313\cdots$$
$$f(3000) = 2.71782891987462\cdots$$
$$\cdots$$
$$f(10000) = 2.71814592682522\cdots$$

　2.71の次は8のように思えるが、まだはっきりしたことはわからない。この数列は収束するにしても、かなり遅いようだ。
　別の方法でこの、高利貸の究極の夢を求めることにしよう。
そのためには、$\left(1+\dfrac{1}{n}\right)^n$ を2項定理を用いて展開する必要がある。

　2項定理から説明していこう。$(a+b)^n$ を展開してみる。

$$(a+b)^1 = a+b$$
$$(a+b)^2 = a^2 + 2ab + b^2$$
$$(a+b)^3 = a^3 + 3a^2b + 3ab^2 + b^3$$
$$(a+b)^4 = a^4 + 4a^3b + 6a^2b^2 + 4ab^3 + b^4$$
$$(a+b)^5 = a^5 + 5a^4b + 10a^3b^2 + 10a^2b^3 + 5ab^4 + b^5$$
$$\cdots$$

係数だけを並べてみる。

数の並び方の規則がおわかりだろうか。

・両側は1。
・中間の数はその左上と右上の数の和。

　この三角形は普通「パスカルの三角形」と呼ばれているが、中国では「楊輝の三角形」、イランでは「ハイヤームの三角形」、イタリアでは「タルタリアの三角形」などと、各地でお国自慢の名称が与えられている。

　この三角形を用いれば$(a+b)^n$の展開は可能だが、これで一般的な議論を進めることはできない。

　一般的に考えていこう。$(a+b)^n$を展開した場合、出てくる項は係数を無視すると、次のようになる。

$$a^n b^0, \quad a^{n-1}b^1, \quad a^{n-2}b^2, \quad \cdots, \quad a^{n-r}b^r, \quad \cdots, \quad a^0 b^n$$

$a^{n-r}b^r$の係数を考えよう。

　$(a+b)^n$を展開した場合、2^n個の項が出てくるが、その中に$a^{n-r}b^r$がいくつ含まれるか、が問題となる。その個数が係数だ。これは、n個並んだ$(a+b)$の中からr個を選んでそこからはbを取り出し、残りからはaを取り出した場合と考えられる。

つまりn個の中からr個を選び出す組み合わせの数ということ
になる。

　この組み合わせは次の式で求められる。

$$_nC_r = \frac{n!}{(n-r)!r!}$$

　これが、パスカル、楊輝、……の三角形の規則に従っている
のかどうか、確かめてみよう。

・両側は1。$0! = 1$に注意。
　右端

$$_nC_0 = \frac{n!}{(n-0)!0!} = \frac{n!}{n!} = 1$$

　左端

$$_nC_n = \frac{n!}{(n-n)!n!} = \frac{n!}{n!} = 1$$

成り立っている。

・中間の数はその右上と左上の数の和。
　$_nC_r$の左上の数は$_{n-1}C_{r-1}$、右上の数は$_{n-1}C_r$なので

$$_{n-1}C_{r-1} + {}_{n-1}C_r$$

$$= \frac{(n-1)!}{\{(n-1)-(r-1)\}!(r-1)!} + \frac{(n-1)!}{(n-1-r)!r!}$$

$$= \frac{(n-1)!}{(n-r)!(r-1)!} + \frac{(n-1)!}{(n-1-r)!r!}$$

$$= \frac{(n-1)!r}{(n-r)!(r-1)!r} + \frac{(n-1)!(n-r)}{(n-1-r)!r!(n-r)}$$

$$= \frac{(n-1)!\,r}{(n-r)!\,r!} + \frac{(n-1)!\,(n-r)}{(n-r)!\,r!}$$

$$= \frac{(n-1)!\,r + (n-1)!\,(n-r)}{(n-r)!\,r!}$$

$$= \frac{(n-1)!\,(r+n-r)}{(n-r)!\,r!}$$

$$= \frac{(n-1)!\,n}{(n-r)!\,r!}$$

$$= \frac{n!}{(n-r)!\,r!}$$

$$= {}_nC_r$$

これも大丈夫だ。

ふたつの規則を満足しているので、${}_nC_r$ は $(a+b)^n$ を展開した式の係数になる。

$(a+b)^n$ を展開してみよう。

$$(a+b)^n = {}_nC_0a^nb^0 + {}_nC_1a^{n-1}b^1 + {}_nC_2a^{n-2}b^2 + \cdots + {}_nC_ra^{n-r}b^r + \cdots + {}_nC_na^{n-n}b^n$$
$$= a^n + na^{n-1}b + \cdots + {}_nC_ra^{n-r}b^r + \cdots + b^n$$

では、$\left(1+\dfrac{1}{n}\right)^n$ を展開する。

$$\left(1+\frac{1}{n}\right)^n = {}_nC_01^n\left(\frac{1}{n}\right)^0 + {}_nC_11^{n-1}\left(\frac{1}{n}\right)^1 + {}_nC_21^{n-2}\left(\frac{1}{n}\right)^2 + \cdots$$

$$+ {}_nC_r1^{n-r}\left(\frac{1}{n}\right)^r + \cdots + {}_nC_n1^0\left(\frac{1}{n}\right)^n$$

$$= 1 + \frac{n!}{(n-1)!} \cdot \frac{1}{n} + \frac{n!}{(n-2)!\,2!} \cdot \frac{1}{n^2} + \cdots$$

$$+ \frac{n!}{(n-r)!r!} \cdot \frac{1}{n^r} + \cdots + \frac{1}{n^n}$$

　ここで$n \to \infty$とすればeになる。もうすぐeの美しい姿を目にすることができるはずだ。

　一般項がどうなるか確認しよう。

$$\frac{n!}{(n-r)!r!} \cdot \frac{1}{n^r} = \frac{n(n-1)(n-2)\cdots(n-r+1)}{r!} \cdot \frac{1}{n^r}$$

$$= \frac{n(n-1)(n-2)\cdots(n-r+1) \cdot \frac{1}{n^r}}{r!}$$

$$= \frac{\frac{n}{n} \cdot \frac{n-1}{n} \cdot \frac{n-2}{n} \cdots \frac{n-r+1}{n}}{r!}$$

$$= \frac{1\left(1-\frac{1}{n}\right)\left(1-\frac{2}{n}\right)\cdots\left(1-\frac{r-1}{n}\right)}{r!}$$

　ここで、$n \to \infty$のとき、$\frac{1}{n}$, $\frac{2}{n}$, $\frac{3}{n}$, $\cdots$はすべて 0 になるので、

$$\lim_{n \to \infty}\left\{\frac{n!}{(n-r)!r!} \cdot \frac{1}{n^r}\right\} = \frac{1}{r!}$$

　したがって、$n \to \infty$のとき、$f(n)$は次のようにあらわせる。最初の1も$1 = \frac{1}{0!}$ とした方がきれいにそろうので、そうしよう。

$$\lim_{n \to \infty} f(n) = \lim_{n \to \infty}\left(1+\frac{1}{n}\right)^n = \frac{1}{0!} + \frac{1}{1!} + \frac{1}{2!} + \frac{1}{3!} + \frac{1}{4!} + \cdots$$

$$= \sum_{n=0}^{\infty} \frac{1}{n!}$$

つまり e は次のように表現できるのだ。

$$e = \frac{1}{0!} + \frac{1}{1!} + \frac{1}{2!} + \frac{1}{3!} + \frac{1}{4!} + \cdots$$

なかなか美しい式ではないか。この式は美しいだけでなく、収束がかなり速いので、数値計算をする上でも優れものなのだ。2^n の爆発的な増加は驚異的だが、$n!$ はそのさらに上を行くからである。

この展開式が求まれば、$n \to \infty$ のとき $f(n)$ が収束することを確かめることができる。証明は少し難しいが、次のような定理がある。

●次の条件を満たすとき、級数は収束する。

  ・単調増加である。

  ・上限がある。

この級数は、正の項を次々に足していくので、明らかに単調増加だ。

また $\frac{1}{n!}$ については次の不等式が成り立つ。

$$\frac{1}{n!} = \frac{1}{1 \cdot 2 \cdot 3 \cdots \cdot n} < \frac{1}{1 \cdot 2 \cdot 2 \cdots \cdot 2} = \frac{1}{2^{n-1}}$$

したがって、次のようにして上限を定めることができる。

$$\frac{1}{0!} + \frac{1}{1!} + \frac{1}{2!} + \frac{1}{3!} + \frac{1}{4!} + \cdots$$

$$< 1 + \left(\frac{1}{2}\right)^0 + \left(\frac{1}{2}\right)^1 + \left(\frac{1}{2}\right)^2 + \left(\frac{1}{2}\right)^3 + \cdots$$

$$= 1 + \frac{1}{1 - \frac{1}{2}} = 1 + 2 = 3$$

$$\left(\left(\frac{1}{2}\right)^0 + \left(\frac{1}{2}\right)^1 + \cdots は、21 ページの方法を使う \right)$$

　単調増加であり、3 を超えることはないので、この級数は収束する。

　では、この級数を実際に計算してみよう。

　　　2 項まで　　　　$1 + 1 = 2$

　　　3 項まで　　　　$1 + 1 + \dfrac{1}{2!} = 2.5$

　　　4 項まで　　　　$1 + \cdots + \dfrac{1}{3!} = 2.66666666666666\cdots$

　　　5 項まで　　　　$1 + \cdots + \dfrac{1}{4!} = 2.70833333333333\cdots$

　　　6 項まで　　　　$1 + \cdots + \dfrac{1}{5!} = 2.71666666666666\cdots$

　　　7 項まで　　　　$1 + \cdots + \dfrac{1}{6!} = 2.71805555555555\cdots$

　　　8 項まで　　　　$1 + \cdots + \dfrac{1}{7!} = 2.71825396825396\cdots$

　　　9 項まで　　　　$1 + \cdots + \dfrac{1}{8!} = 2.71827876984126\cdots$

10項まで $\qquad 1 + \cdots + \dfrac{1}{9!} = 2.71828152557319\cdots$

コンピュータを用いてこの極限を計算すると次のようになる。

$\qquad 2.718281828459045\cdots$

わずか10項計算するだけで、2.718281まで正しい値を求めることができた。

この、高利貸の究極の夢が、e なのである。

2｜2　n がいくら大きくなっても、$\dfrac{1}{n}$ は0には ならないでしょう！

前節で、$n \to \infty$ のとき $\dfrac{1}{n} \to 0$ だという理由で、$\dfrac{1}{n}$ に 0 を代入したが、この点に疑問を感じた方もいたはずだ。

n が大きくなれば $\dfrac{1}{n}$ はどんどん小さくなるが、決して 0 にはならない。それなのに 0 にしてしまっていいのだろうか。

実際、無限について考えはじめると、論理的に絶対に納得できないような事態に直面する。

たとえば、自然数は1, 2, 3, 4, …と続き、平方数は1, 4, 9, 16, …と続く。明らかに自然数の方が平方数よりも多いはずなのだが、視点を変えると、$1 \Leftrightarrow 1^2$, $2 \Leftrightarrow 2^2$, $3 \Leftrightarrow 3^2$, $4 \Leftrightarrow 4^2$, …というように1対1対応しているので、自然数と平方数は同じ数だけ存在していることになる。どう考えても矛盾している。

　無限がかかえる矛盾について、古代ギリシャのゼノン（BC490頃～BC430頃）はパラドックスを考え出した。

　3つのパラドックスが有名だが、特に世に知られているのがアキレスとカメのパラドックスだ。

　1本の道に沿って、前を進むカメを俊足のアキレスが追いかける。カメの現在地点までアキレスが追いついたとき、カメはすでに前に進んでいる。次にアキレスがカメのいた地点までたどりついたときもまた、カメは前に進んでいる。こうやって、カメが現在いる地点までアキレスが駆ける、という操作を何度繰り返しても、カメはその地点よりも前に進んでいるはずであり、アキレスは永遠にカメに追いつくことはない。

　そんな馬鹿な、と思っても、論理的にこれに反駁することはできない。

　無限には妖怪が潜んでいる。

　古代ギリシャの数学者は無限に近づくことをおそれ、その数学を有限の範囲に閉じこめた。

　高利貸の究極の夢——e——についてのウワサが広まっていた頃、ようやく数学者たちは曲線に囲まれた図形の面積などを追究するようになった。しかし無限を避けたまま、曲線に囲まれた図形の面積を求めることはできない。その過程で数学者たちは、おそるおそる無限に触れるようになっていった。

2│3　オイラー登場

　時代は下り、無限に潜む妖怪などは迷信だと喝破したのが、レオンハルト・オイラー（1707～1783）だった。彼は無限を手玉に取ってみせた。

やがて e に大き
く関わることに
なるオイラー

　そこで ω は無限に小さい数、すなわち、どれほどでも小さ
くてしかも０とは異なる分数としよう。(『オイラーの無限解
析』訳：高瀬正仁、海鳴社)

　オイラーの行動はさらに大胆になる。

　そこで z はある有限数を表わすものとして、$i = \dfrac{z}{\omega}$ と定め

ると、ω は無限小数であるから、i は無限大数になる。(同上)

　こうやって「無限小数」「無限大数」を定義し、それを数式
に直接代入していくのだ。無限小数というと、$\dfrac{1}{3} = 0.333333$

…のように永遠に続く小数のことを意味するのが普通だが、オ
イラーの言う無限小数がそれとは別のものであることに注意し
てほしい。

　まったく、大胆不敵と言うべきか、無神経と言うべきか。無限に小さくて0でない数など存在するはずがないではないか。少なくとも現在の学生がこんなことを言い出せば、教授から大目玉を食らうことは間違いない。

　当時、微分積分にかかわった数学者たちは、ニュートン（1643〜1727）にしろライプニッツ（1646〜1716）にしろベルヌイ一族にせよ、無限へのアプローチはみなオイラーと似たり寄ったりだったが、少なくとも心の隅に、無限をそのように扱うことに対する後ろめたさをかかえていたように思える。

　それに対し、オイラーは確信犯だった。

　それでいいのだ、と断言しているのである。

　現在の高校ではこの点をどのように教えているのだろうか。

　まず、無限大は数ではない、ということが口が酸っぱくなるほど強調される。この点は、まあ、いいとしよう。そして、n が大きくなれば $\frac{1}{n}$ はどんどん小さくなるので、やがて0に収束する、と主張し、これを記号で次のように表現する。

$$\lim_{n \to \infty} \frac{1}{n} = 0$$

limなどという記号を使ってもっともらしく書いているが、やっていることはオイラーと大同小異なのだ。こんなやり方では、無限の闇に潜む妖怪がどんな悪さを仕掛けるかわかったものではない。

　オイラーの議論が乱暴だ、という批判は当時からあった。オイラーの死の6年後にこの世に生を受けたコーシー（1789〜1857）が、ε（イプシロン）$-$ δ（デルタ）論法を引っ提げて登場し、この問題を解決する。こんな具合だ。

$$\lim_{n \to \infty} \frac{1}{n} = 0 \quad \text{の証明}$$

$\frac{1}{n}$ がある正の数 ε に収束すると仮定する。

ここですべての正の数 ε に対し、ある正の数 δ が存在し、δ より大きいすべての自然数 n に対して

$$\left| \frac{1}{n} - 0 \right| < \varepsilon$$

が成り立つ。

これは矛盾である。したがってそのような ε は存在しない。

Q.E.D.

Q.E.D. というのは、「これが示されるべきことであった」を意味するラテン語の頭文字で、数学者たちは証明が終了したことを示す記号として、好んでこれを使用している。

実際、$\frac{1}{n} < \varepsilon$ を変形すると $\frac{1}{\varepsilon} < n$ となり、ε がどんなに小さな数であっても $\frac{1}{\varepsilon}$ はある実数をあらわす。したがってそれよりも大きな n は存在する。だから δ を $\frac{1}{\varepsilon}$ より大きく取れば、上記の命題は成立する。

整理すれば、どんなに小さな ε を持ってきても、十分に大きな n を用意すれば、$\frac{1}{n} < \varepsilon$ とすることができる、というわけ

だ。つまり n がどんどん大きくなっていくとき、$\dfrac{1}{n}$ が 0 以外

に収束するとすれば、前記の条件を満たす ε が存在することに

なり、矛盾する。つまり、$\dfrac{1}{n}$ は 0 に収束する、というわけである。

　これで納得がいくだろうか。

　まだキツネにつままれたような気分かもしれない。

　ここで注意すべきは、この議論はすべて有限の範囲でなされ
ているという点だ。十分に大きな n が存在すれば議論が成立
すると言っているのであり、この n は有限な数である。無限
大の n というようなものは出てこない。有限の範囲でなら、
無限の闇に潜む妖怪が活躍するのは不可能だ。つまりこの議論
は完璧であり、一点の疑問の余地も残っていない。

　$\varepsilon - \delta$ 論法は、アキレスとカメのパラドックスも完全に粉砕
した。

　現在カメはアキレスの 1m 前を走っており、アキレスの速さ
は 1m/秒、カメの速さは $\dfrac{1}{2}$ m/秒としよう。

　1 回目の操作：カメの現在位置までアキレスが来るのに 1 秒

かかるので、その間にカメは $\dfrac{1}{2}$ m 進んでいる。

　2 回目の操作：アキレスがカメのいた位置まで来るのに $\dfrac{1}{2}$

秒かかるので、カメはそこから $\left(\dfrac{1}{2}\right)^{2}$ m 前に進んでいる。

　3 回目の操作：アキレスがカメのいた位置まで来るのに

$\left(\dfrac{1}{2} \right)^2$ 秒かかるので、カメはそこから $\left(\dfrac{1}{2} \right)^3$ m前にいる。

この操作を繰り返していく。n 回目の操作では、アキレスは $\left(\dfrac{1}{2} \right)^{n-1}$ 秒走り、カメはアキレスのいる位置の $\left(\dfrac{1}{2} \right)^n$ m前にいる。

ここで $\varepsilon - \delta$ 論法を用いれば、明らかに

$$\lim_{n \to \infty} \left(\frac{1}{2} \right)^n = 0$$

なので、無限回の操作によってアキレスはカメに追いつく。

有限の時間内にこのように無限回の操作が可能なのか、という疑問がわくかもしれないが、ご心配なく。n 回目の操作までにかかる時間を T_n とすると、

$$T_n = 1 + \frac{1}{2} + \left(\frac{1}{2} \right)^2 + \left(\frac{1}{2} \right)^3 + \cdots + \left(\frac{1}{2} \right)^{n-1}$$

$$= \frac{1 - \left(\dfrac{1}{2} \right)^n}{1 - \dfrac{1}{2}} = 2 \left\{ 1 - \left(\frac{1}{2} \right)^n \right\}$$

したがって、

$$\lim_{n \to \infty} T_n = 2$$

となり、この無限回の操作は2秒で終了する。つまり2秒という有限の時間内に、無限回の操作が可能だということだ。

まだ納得しがたいと思っている方もいるかもしれないが、ここまで来れば降伏して、認める以外に方法はないだろう。

無限を考えるときは、直感を排し、冷徹な論理で一歩一歩先に進んでいかなければならない。

どのような小さな ε をとってきても矛盾が生じるので、$\dfrac{1}{n}$ が収束する先は 0 以外にありえない。論理的に考えてそれが正しいなら、直感に反していても認めるべきなのだ。

自然数と平方数の関係についても、$1 \Leftrightarrow 1^2,\ 2 \Leftrightarrow 2^2,\ 3 \Leftrightarrow 3^2,\ 4 \Leftrightarrow 4^2,\ \cdots$ という 1 対 1 対応があるのなら、同じ数だけ存在すると認めなければならない。有限の世界では、真の部分は全体よりも常に小さいが、無限の世界ではそんな常識は通じない。

わたしたちが無限の世界にとまどうのも、わたしたちの脳が石器時代の環境に適応するよう進化した結果だと考えられる。狩猟、採集の生活をしていた人々は無限について考える必要に迫られることはなかったし、無限について考えるというような無駄なことに貴重な資源を浪費するような個体は淘汰されていっただろうと思われる。

ヒトの脳は狩猟、採集の環境に適応して進化したために、指数関数的な現象に驚き、無限の世界にとまどいを感じてしまうのだ。

21世紀を生きる現代人としては、脳の仕組みを変えるわけにはいかないが、古い脳が強要する直感や常識などは断固拒否し、論理の力で困難を切り開いていくよう努力する方がシアワセになれるのではないだろうか。

有限の範囲の完璧な議論によって、無限の闇に潜む妖怪は完全に封印された。これでめでたし、めでたしというところだが、そうは問屋が卸さない。ここからさらにもうひとつのどんでん返しがあるのだ。実におもしろい展開だ。これだから歴史の勉強はやめられない。

1960年代に入り、アブラハム・ロビンソン（1918〜1974）という数学者が、超準解析なる理論を発表した。

　ロビンソンは実数の体系に、次のような無限個の公理を追加する。

　　　$1 < \phi，\ 2 < \phi，\ 3 < \phi，\ \cdots$

　つまり ϕ はすべての自然数より大きな数であり、オイラーの言う無限大数と実質的には同じものだ。

　オイラーの時代、数学と自然科学は厳密に区別されてはいなかった。

　自然科学では、命題の正しさは現実によって担保される。実験結果と食い違う理論は、どんなにすばらしい議論の積み重ねの結果であろうと、間違った理論として捨て去られる。

　数学も同じように、現実の中でその真理性が吟味されていた。

　当時の物理学では、原子が実在するかどうかをめぐって激しい議論が展開されていた。同じようにオイラーの言う無限大数についても、そのようなものが実在しうるかという反駁があったのだ。

　しかし現代の数学は公理主義の立場を取る。公理主義では、数学は公理と推論法則という決められたルールによって展開されるゲームであると考える。数学は頭の中で考えられたものであり、現実が数学に関与することはない。

　したがって、どのような公理によって数学を組み立ててもまったく自由だ、ということになる。まさに、数学の本質は自由にあるのだ。ただし、その公理によってうちたてられた体系に矛盾があってはならない。

　逆に言えば、矛盾がなければどのような公理を掲げることも自由なのだ。そのようなものが実在しうるかどうかなどは考える必要もない。

　ロビンソンはこれらの公理によって導かれた φ を無限大超実数と呼び、その体系が無矛盾であることを証明した。

　この新しい数学の体系が「超準解析」だ。

　超準解析は実数の体（たい）をもとに作られているので、当然、無限大超実数の逆数も存在する。無限小超実数だ。そしておもしろいことに、この体系の中での無限大超実数と無限小超実数の振る舞いは、オイラーの無限大数、無限小数の振る舞いとそっくりだった。

　厳密さに欠ける、と言われてきたオイラーの業績は、$\varepsilon - \delta$ 論法によって修正され、厳密な理論で武装されていった。

　ところが超準解析の登場によって、オイラーの厳密さに欠けると言われた手法がそのまま認められたのである。

　実に痛快だ。

　現代の解析学は、$\varepsilon - \delta$ 論法と超準解析というふたつの柱で成り立っている。

　ただ、わたしの好みを言わせてもらえば、わたしは超準解析の方が好きだ。$\varepsilon - \delta$ 論法のちまちました議論についていくのは骨が折れる。それに対し、超準解析では式の中にどかんと無限大超実数や無限小超実数を代入し、そのまま計算を進めていく。実に楽しいのだ。

　最後に、ロビンソンが超準解析を発表した直後、つまりまだちゃんとした教科書などなかったときに、日本で超準解析に注目し、大学で教えていた数学者がいたことを紹介したい。

　破天荒の人、倉田令二朗（1931〜2001）だ。

晩年はガウスやガロアなどの原典を研究し、一般人向けの啓蒙書を書いたりもしている。

　倉田令二朗が書く文章がまたおもしろい。数学者にしておくのはもったいない、と常々思っていた。もう少し長生きして、数学の素人を対象とした楽しい本をもっと書いてくれたらよかったのに、と思っている。

3│1　出現確率 1 ％で 100 連ガチャをしたら

　高利貸の究極の夢についての話は各地でひそひそとささやかれていたが、その姿を見た者はだれもいなかった。最初にこの数の正体を明らかにしたのは、ヤコブ・ベルヌイ（1654〜1705）であると言われているが、ベルヌイにしてもその重要性をはっきりと認識していたとは思えない。

　e が大活躍するのは、微分積分の世界だ。ところが微分積分とはまったく異なる分野、たとえば確率を計算していくと、不思議なことにひょこっと *e* が顔を出したりする。

　まずは次の問題を考えてみよう。

> 　当たる確率 $\dfrac{1}{n}$ のくじを *n* 回引いて、すべてはずれである確率は？

最近、スマートフォンの普及に伴ってスマートフォン向けのゲームも流行している。それらのゲームに欠かせないものになっているのが、ガチャだ。目当てのアイテムが出てくるまで、幾度もガチャを繰り返した経験のある人もいるだろう。

　ガチャには出現確率が公表されているものもある。たとえば出現確率１％とあれば、平均して100回に１回当たりが出る、という意味になる。

　この「平均して」というところが誤解を招きやすいところで、100回やれば必ず１回当たる、と誤解している人もいるようだが、決してそういう意味ではない。100連ガチャを実行して、当たりが２回、３回と出る場合もあるが、全部はずれという可能性も少なからず存在するのだ。

　話を一般化して、全部はずれの確率がどの程度なのかを計算してみよう。つまり、出現確率 $\frac{1}{n}$ で n 連ガチャをして全部はずれの確率はどのぐらいなのか。

　わけのわからない問題に直面したら、まずは実際にやってみる、というのが定石だ。いくつか実験していこう。

$n = 2$

　当たる確率が $\frac{1}{2}$ なら、はずれる確率は $1 - \frac{1}{2}$、したがって２回続けてはずれる確率は、

$$\left(1 - \frac{1}{2}\right)^2 = \frac{1}{4} = 0.25$$

同様にして、

$n = 3$

$$\left(1 - \frac{1}{3}\right)^3 = \frac{8}{27} = 0.2962\cdots$$

$n = 4$

$$\left(1 - \frac{1}{4}\right)^4 = \frac{81}{256} = 0.3164\cdots$$

$n = 5$

$$\left(1 - \frac{1}{5}\right)^5 = \frac{1024}{3125} = 0.32768$$

$n = 6$

$$\left(1 - \frac{1}{6}\right)^6 = \frac{15625}{46656} = 0.3348\cdots$$

ここらで数を大きくしていこう。

$n = 10$

$$\left(1 - \frac{1}{10}\right)^{10} = 0.3486\cdots$$

$n = 100$

$$\left(1 - \frac{1}{100}\right)^{100} = 0.3660\cdots$$

　これが、出現確率1％で100連ガチャをやってもアイテムが手に入らない確率だ。37％近くの人が悔しい思いをしているのである。

　さらに数を大きくしていく。

$n = 1000$

$$\left(1-\frac{1}{1000}\right)^{1000}=0.3676\cdots$$

$n=10000$

$$\left(1-\frac{1}{10000}\right)^{10000}=0.3678\cdots$$

確かに何かの数に収束していっているように思える。

$$P=\left(1-\frac{1}{n}\right)^{n}$$

と置いて、$n\to\infty$のときPがどうなるか見ていく。

まずは、$n\to\infty$のときの振る舞いについてそれぞれ一家言のある、A、Bふたりの意見を聞いてみよう。

Aの意見：$1-\frac{1}{n}$ は明らかに1より小さい。$-1<x<1$なる x に対して、x^nを求め、$n\to\infty$にすれば$x^n\to0$になる。だからこの極限は明らかに0だ。

Bの意見：とんでもない。$\frac{1}{n}$ に対して$n\to\infty$とすれば$\frac{1}{n}$→0となる。したがって$1-\frac{1}{n}$→1となる。1を何乗しても1なんだから、この極限は1になるに決まっておる。

双方ともにもっともらしい議論だが、ふたりが同時に正しいことはありえない。真相はどうなのだろうか。

これは数学なので、他の自然科学のように実験によって確かめるというわけにはいかない。あくまで論理で勝負しなければ

ならない。

　高利貸の究極の夢を考えたときと同じように、P を2項定理で分解してみよう。

$$\left(1-\frac{1}{n}\right)^n$$

$$={}_nC_01^n\left(-\frac{1}{n}\right)^0+{}_nC_11^{n-1}\left(-\frac{1}{n}\right)^1+{}_nC_21^{n-2}\left(-\frac{1}{n}\right)^2+\cdots+{}_nC_n1^0\left(-\frac{1}{n}\right)^n$$

$$=1+n\cdot\frac{-1}{n}+\frac{n(n-1)}{2!}\cdot\frac{(-1)^2}{n^2}+\cdots+\frac{(-1)^n}{n^n}$$

各項の分母分子を n, n^2, n^3, n^4, $\cdots$ で割っていく。

$$=1-1+\frac{1-\dfrac{1}{n}}{2!}+\cdots+\frac{(-1)^n}{n!}$$

$n\to\infty$ のとき、$\dfrac{1}{n}$, $\dfrac{2}{n}$, $\dfrac{3}{n}$, $\cdots$ はすべて0になる。したがって、

$$\lim_{n\to\infty}\left(1-\frac{1}{n}\right)^n=1-1+\frac{1}{2!}-\frac{1}{3!}+\frac{1}{4!}-\frac{1}{5!}+\cdots$$

$$=\frac{1}{0!}-\frac{1}{1!}+\frac{1}{2!}-\frac{1}{3!}+\frac{1}{4!}-\frac{1}{5!}+\cdots$$

$$=\sum_{k=0}^{\infty}\frac{(-1)^k}{k!}$$

　e に非常によく似た式が出てきた。また、この級数の分母は階乗なので、とてつもない勢いで増えていく。だからこの級数の収束はかなり速い。この級数で計算していけば、どのような数に収束するかは容易にわかるはずだ。

　しかしそんなことをしなくても、元の式をうまく変形してい

けば、この数の正体は明らかになる。

$$P = \left(1 - \frac{1}{n}\right)^n = \left(\frac{n-1}{n}\right)^n = \left(\frac{1}{\frac{n}{n-1}}\right)^n = \frac{1}{\left(\frac{n-1+1}{n-1}\right)^n}$$

$$= \frac{1}{\left(1 + \frac{1}{n-1}\right)^n} = \frac{1}{\left(1 + \frac{1}{n-1}\right)^{n-1}\left(1 + \frac{1}{n-1}\right)}$$

ここで、

$$\lim_{n \to \infty} \left(1 + \frac{1}{n-1}\right)^{n-1} = e \qquad \lim_{n \to \infty} \left(1 + \frac{1}{n-1}\right) = 1$$

なので、

$$\lim_{n \to \infty} P = \frac{1}{e \cdot 1} = \frac{1}{e}$$

となる。

$$e = 2.71828182845904\cdots$$

を入れて計算すると、

$$\frac{1}{e} = 0.3678794411714\cdots$$

全部はずれる確率は約37％という結論が出た。

では、出現確率1％のガチャで確実にアイテムを手にするには何回ガチャをすればいいのだろうか。

たとえば90％の確率でアイテムを入手するためには、全部はずれる確率を10％（0.1）にすればいいので、

$$\left(1 - \frac{1}{100}\right)^n = 0.1$$

を満足する n を求めればいい。対数を使えば簡単に計算で

きる（66ページのNOTE1、2参照）。上の式を変形して、

$$n = \log_{0.99} 0.1 = \frac{\log 0.1}{\log 0.99} = 229.105\cdots$$

　つまり、229連ガチャをやれば、やっと出現確率が約90％に
なるというわけだ。それでも、全部はずれる確率は10％ほど残
る。つまり229連ガチャを実行した人のうち平均して10人にひ
とりは全部はずれという悲劇にみまわれるというわけだ。

　ついでに99％の確率でアイテムを入手するには何回ガチャを
すればいいかも計算してみよう。

$$\left(1 - \frac{1}{100}\right)^n = 0.01$$

$$n = \log_{0.99} 0.01 = \frac{\log 0.01}{\log 0.99} = 458.21\cdots$$

　458連ガチャをやれば、アイテムを獲得する確率は約99％に
なる。しかしこれも確実というわけではない。458連ガチャを

やった人のうち、平均して100人に１人はアイテム入手に失敗する。

　世の中、運の悪い人にはとことん残酷にできているようだ。

　しかし、当たる確率 $\frac{1}{n}$ のくじを n 回引いてすべてはずれる確率が約37%とは、神よ、あまりといえばあまりのなさりよう……、と抗議したくなる数字だ。

　それにしても、なぜこんなところに e が顔を出しているのだろうか？

NOTE 1

対数の定義から、

$$x^n = y \quad \leftrightarrows \quad n = \log_x y$$

なので、

$$\left(1 - \frac{1}{100}\right)^n = 0.1 \quad \leftrightarrows \quad 0.99^n = 0.1 \quad \leftrightarrows \quad n = \log_{0.99} 0.1$$

NOTE 2

対数の底の変換公式

$$\log_a b = \frac{\log b}{\log a}$$

より、

$$\log_{0.99} 0.1 = \frac{\log 0.1}{\log 0.99}$$

3│2　置き換えられた封筒の問題

　次に、ニコラウス1世・ベルヌイ（1687〜1759）の「置き換えられた封筒の問題」と呼ばれている問題を考えてみよう。

> n 枚の宛名を書いた封筒に n 通の手紙を入れるとき、すべての手紙がその宛名と違う宛名の封筒に入る確率は？

　これはたとえば、「くじで席替えをしたとき、席が替わらない悲しい人が出ない確率」と言い換えても同じことだ。
　また「集団でプレゼント交換をするとき、自分のプレゼントにあたる残念な人が出ない確率」と考えてもよい。
　この問題を考えるときは、まず「攪乱順列」なるものを考える必要がある。攪乱順列は完全順列とも呼ばれている。

> **攪乱順列**
>
> 1, 2, 3, …, n を並び替えてできる順列のうち、すべての i = 1, 2, 3, …, n に対して i 番目が i でないものの個数。

　この個数 a_n をモンモール数という。
　モンモール（1678〜1719）は、パリで生まれパリで没した数学者だ。
　本名はピエール・レモンという。父親は法律を学ばせようとしたが、それに逆らい、イギリス、ドイツなどを放浪したらしい。
　父の死後、巨額の遺産を相続し、それで城を購入したと伝えられている。その城の名がモンモールだ。

いろいろな数学者と親交があり、特にこの城でかの有名なベルヌイ一族のひとり、ニコラウス1世・ベルヌイと共同研究をした。

　パスカルの三角形の名付け親でもあるらしい。

　求める確率の分母は、n 個を並べる順列だから $n!$ となる。そして分子はモンモール数そのものだ。したがってモンモール数 a_n がわかれば、求める確率は次の式で計算できる。

$$\frac{a_n}{n!} \quad \cdots ①$$

　モンモール数について、まずは定石通り、具体的に求めていってみよう。$(1, 2, 3, \cdots, n)$ と並んでいる数に対し、1番目は1でない数、2番目は2でない数、3番目は3でない数、……が並ぶ並び方がいくつあるか、数えてみる。

・$n = 1$ のとき：封筒が1枚で手紙が1通なら、間違えることはできない。

　　$a_1 = 0$

・$n = 2$ のとき：$(2, 1)$ のみ。

　　$a_2 = 1$

・$n = 3$ のとき：$(2, 3, 1)$, $(3, 1, 2)$ のふたつ。

　　$a_3 = 2$

・$n = 4$ のとき：急にややこしくなる。1番目に2が来る場合、3が来る場合、4が来る場合をそれぞれ考える。

　　　　$(2, 3, 4, 1)$, $(2, 4, 1, 3)$, $(2, 1, 4, 3)$,
　　　　$(3, 4, 1, 2)$, $(3, 4, 2, 1)$, $(3, 1, 4, 2)$,
　　　　$(4, 1, 2, 3)$, $(4, 3, 1, 2)$, $(4, 3, 2, 1)$

したがって、

$a_4 = 9$

これ以上具体的に数えていくと、頭が噴火しそうになる。別の手を考えよう。この場合、漸化式が役に立ちそうだ。

状況を整理する必要がある。

1の移動先をiとして、iが1のところにくる場合と、iが1以外の場所に移動する場合に分ければ、解決する。

・1がiに移動し、iが1に移動する場合。

1とiが入れ替わり、残りの$n-2$個の順列を考えればよい。

まず、iの選び方が$n-1$通りある。そしてそのそれぞれに対して、残りの$n-2$個の攪乱順列を考えればよいので、この場合の順列は次のようになる。

$(n-1)a_{n-2}$

・1がiに移動し、iが1以外の場所に移動する場合。

並び替えたとき、iは1とiの位置に来ない。だから、$1, 2, 3, \cdots, n$からiを抜き、そのiを1のところにおいた並び方、つまり

$i, 2, 3, \cdots, i-1, i+1, \cdots, n$

をもとの並び方と考え、その攪乱順列を考えればよい。

たとえば$n=7$で、1が3の位置に来て、3が1の位置に来ない場合、

$1, 2, 3, 4, 5, 6, 7$

で3を1のところに持ってくる。

$3, 2, ○, 4, 5, 6, 7$

これを元の番号と一致しないように並べ替える。○の部
　分は無視する。

　　　　6, 4, ○, 2, 3, 7, 5

　　そして○の部分に 1 を入れればよい、というわけだ。

　　これは $n-1$ 個の攪乱順列なので、a_{n-1} 通りである。

　　i の選び方が $n-1$ 通りで、それぞれに対して a_{n-1} 通りと
　なるので、この場合の順列は次のようになる。

　　　　$(n-1)a_{n-1}$

このふたつの場合を足しあわせれば、漸化式が完成する。

$$a_n = (n-1)a_{n-1} + (n-1)a_{n-2}$$
$$\quad = (n-1)(a_{n-1} + a_{n-2})$$
$$a_1 = 0$$
$$a_2 = 1$$

では、この漸化式を解いていこう。

$$a_n = (n-1)(a_{n-1} + a_{n-2})$$
$$a_n = (n-1)a_{n-1} + (n-1)a_{n-2}$$

全体を $n!$ で割る。

$$\frac{a_n}{n!} = \frac{(n-1)a_{n-1}}{n!} + \frac{(n-1)a_{n-2}}{n!}$$

$$\frac{a_n}{n!} = \frac{n-1}{n} \cdot \frac{a_{n-1}}{(n-1)!} + \frac{n-1}{n(n-1)} \cdot \frac{a_{n-2}}{(n-2)!}$$

$$\frac{a_n}{n!} = \frac{n-1}{n} \cdot \frac{a_{n-1}}{(n-1)!} + \frac{1}{n} \cdot \frac{a_{n-2}}{(n-2)!}$$

ここで、

$$\frac{a_n}{n!} = b_n$$

と置く。これは撹乱順列を$n!$で割ったもの、つまり①そのものであり、これが求める確率となる。

$$\frac{a_{n-1}}{(n-1)!} = b_{n-1}$$

$$\frac{a_{n-2}}{(n-2)!} = b_{n-2}$$

なので、これらを代入する。

$$b_n = \frac{n-1}{n} b_{n-1} + \frac{1}{n} b_{n-2}$$

$$b_n = \left(1 - \frac{1}{n}\right) b_{n-1} + \frac{1}{n} b_{n-2}$$

$$b_n = b_{n-1} - \frac{1}{n} b_{n-1} + \frac{1}{n} b_{n-2}$$

$$b_n - b_{n-1} = -\frac{1}{n}(b_{n-1} - b_{n-2})$$

これはうまい。これを繰り返し代入していけば解決する。

$$b_n - b_{n-1} = -\frac{1}{n}(b_{n-1} - b_{n-2})$$

$$= \left(-\frac{1}{n}\right)\left(-\frac{1}{n-1}\right)(b_{n-2} - b_{n-3})$$

$$= \left(-\frac{1}{n}\right)\left(-\frac{1}{n-1}\right)\left(-\frac{1}{n-2}\right)(b_{n-3} - b_{n-4})$$

…

$$= \left(-\frac{1}{n}\right)\left(-\frac{1}{n-1}\right)\left(-\frac{1}{n-2}\right)\cdots\left(-\frac{1}{3}\right)(b_2 - b_1)$$

$$= \frac{(-1)^{n-2}}{n\,(n-1)\,(n-2)\cdots 3}\,(b_2 - b_1)$$

ここで、$a_1 = 0$, $a_2 = 1$ だったので、

$$b_2 - b_1 = \frac{a_1}{2!} - \frac{a_1}{1!} = \frac{1}{2} - \frac{0}{1} = \frac{1}{2}$$

これを代入する。

$(-1)^{n-2} = (-1)^n$ に注意。

n が偶数なら $n-2$ も偶数、n が奇数なら $n-2$ も奇数。また $(-1)^x$ は x が偶数のとき 1、x が奇数のとき -1 となるので、$(-1)^{n-2}$ と $(-1)^n$ は常に一致する。

$$b_n - b_{n-1} = \frac{(-1)^{n-2}}{n(n-1)\,(n-1)\cdots 3}\,(b_2 - b_1)$$

$$= \frac{(-1)^{n-2}}{n(n-1)\,(n-2)\cdots 3} \times \frac{1}{2}$$

$$= \frac{(-1)^n}{n!}$$

あとはこれを次々に足していけばいい。

$$b_n - b_{n-1} = \frac{(-1)^n}{n!}$$

$$b_{n-1} - b_{n-2} = \frac{(-1)^{n-1}}{(n-1)!}$$

$$b_{n-2} - b_{n-3} = \frac{(-1)^{n-2}}{(n-2)!}$$

…

$$+ \underline{\Big)\quad b_2 - b_1 = \frac{(-1)^2}{2!}} \qquad (b_{n-1},\ b_{n-2},\ \cdots,\ b_2 \text{は相殺されて消える})$$

$$b_n - b_1 = \frac{1}{2!} - \frac{1}{3!} + \frac{1}{4!} - \frac{1}{5!} + \frac{1}{6!} - \frac{1}{7!} + \cdots + \frac{(-1)^n}{n!}$$

ここで、

$$b_1 = 0$$

なので、

$$b_n = \frac{1}{2!} - \frac{1}{3!} + \frac{1}{4!} - \frac{1}{5!} + \frac{1}{6!} - \frac{1}{7!} + \cdots + \frac{(-1)^n}{n!}$$

$$= \frac{1}{0!} - \frac{1}{1!} + \frac{1}{2!} - \frac{1}{3!} + \frac{1}{4!} - \frac{1}{5!} + \frac{1}{6!} - \frac{1}{7!} + \cdots + \frac{(-1)^n}{n!}$$

$$= \sum_{k=0}^{n} \frac{(-1)^k}{k!}$$

なんと、前の節と同じ式が出てきた。

はじめは撹乱順列を求めていたのだが、確率の方が先に求まってしまった。撹乱順列 a_n の方も求めておこう。

$$\frac{a_n}{n!} = b_n$$

だったので、撹乱順列 a_n は次のようになる。

$$a_n = n!\,b_n = n! \sum_{k=0}^{n} \frac{(-1)^k}{k!}$$

この式をもとにして、先ほど具体的に調べるのを断念した $a_5,\ a_6,\ a_7,\ \cdots$ を求めてみる。

$$a_5 = 44$$
$$a_6 = 265$$
$$a_7 = 1854$$
…

具体的に調べるのを断念したのは正解だったようだ。

封筒問題に戻ろう。

前節の式と同じものが出てきたので、$n \to \infty$ のとき、この確率は

$$\frac{1}{e}$$

となる。

くじで席替えをしたとき、席が替わらない悲しい人が出ない確率は、約37%である。これを大きいと見るか、低いと見るかは、人によって異なるだろう。

3│3　結婚問題

今度は「結婚問題」に挑戦しよう。

> 　20歳の誕生日を迎えた若者がいる。彼、あるいは彼女は30歳の誕生日までに結婚したいと考えている。1年に4人の異性と交際するとすると、結婚相手の候補者は40人いることになる。これまで異性と交際した経験はまったくなかったので、最初の *r* 人は結婚のことは考えず、ただ交際だけをし、*r*＋1番目の相手からは結婚を前提にして真剣に交際する。そしてそれまでつきあった人の中で最高だと思った人と出会ったら結婚する、という戦略を立てた。ただし、彼、彼女の性格上、過去につきあった人とよりを戻すということはありえない。
>
> 　*r* を何人にするのが最適だろうか？
> 　またそのとき、1番の人と結婚する確率はいくつか？

この問題は、恋人選択問題、秘書問題とも呼ばれている。

恋人選択問題という命名に説明の必要はないだろう。

秘書問題という命名は、*n* 人の応募者が並んでいて、ひとりずつ面接をし、最高の秘書を選ぶ、という場面を念頭に置いたもので、内容は同じだ。

その他、ビーチで女の子を口説くシチュエーションなど、さまざまなバリエーションがある。

ここでは候補者が40人になっているが、一般的に候補者を *n* 人として考えていこう。

まず、問題を整理する。

・1～nの番号のついた人とランダムに交際する。

・結婚するか断るかはその人と交際しているときに決定しなければならない。断った後に再び交際する、つまりよりを戻すことは不可能。また次の人と交際するためには、現在交際している人との関係は終わらせなければならない。つまり二股は不可。

・r番目の人までは交際だけして別れる。そして$r+1$番目以降の人の中に、これまでで最高の人がいれば、結婚する。$r=0$の場合は、最初に交際した人と結婚する。

・1番と結婚するための最善のrはいくつか？　またその時1番と結婚する確率は？

「迷ったら食ってみろ」を連発するゲームのNPCがいたが、数学の問題を解く場合は、「迷ったらやってみろ」が原則だ。

　この場合も、実際にどんな様子なのかよくわからないので、小さなnから実験していくことにしよう。

$n=1$のとき

選択の余地がない。

$n=2$のとき

候補者の並び方は、

　　　（1　2）（2　1）

のみ。

・$r=0$とすると、最初の人と結婚することになるので、1番と結婚する確率は、

$$\frac{1}{2}$$

・*r* = 1 とすると、2番目の人と結婚することになる。1番と結婚する確率は、

$$\frac{1}{2}$$

---

n = 3 のとき

候補者の並び方は

(1　2　3)　(1　3　2)　(2　1　3)　(2　3　1)

(3　1　2)　(3　2　1)

・*r* = 0 とすると、最初の人と結婚することになるので、(1　2　3)　(1　3　2) が当たり。

確率は、

$$\frac{2}{6} = \frac{1}{3}$$

・*r* = 1

(1　2　3)　(1　3　2) は、1番が除外されるのではずれ。

(3　2　1) は2番と結婚することになる。

(2　1　3)　(3　1　2) は、結婚を前提に交際する最初の人が1番で、今までで最高だから、当たり。

(2　3　1) の場合、結婚を前提に交際する最初の人は3番で、2番よりも劣るので結婚しない。次に交際するのが1番なので当たり。

結局、確率は、

$$\frac{3}{6} = \frac{1}{2}$$

・$r=2$。1番の人が3番目に来る必要がある。

(2 3 1)　(3 2 1)

全部で2通りなので、確率は

$$\frac{2}{6}=\frac{1}{3}$$

$n=4$のとき

候補者の並び方は24通り。

(1 2 3 4)　(1 2 4 3)　(1 3 2 4)　(1 3 4 2)

(1 4 2 3)　(1 4 3 2)

(2 1 3 4)　(2 1 4 3)　(2 3 1 4)　(2 3 4 1)

(2 4 1 3)　(2 4 3 1)

(3 1 2 4)　(3 1 4 2)　(3 2 1 4)　(3 2 4 1)

(3 4 1 2)　(3 4 2 1)

(4 1 2 3)　(4 1 3 2)　(4 2 3 1)　(4 2 1 3)

(4 3 1 2)　(4 3 2 1)

・$r=0$の場合、最初の人と結婚するので、最初が1番でなければならない。

(1 2 3 4)　(1 2 4 3)　(1 3 2 4)　(1 3 4 2)

(1 4 2 3)　(1 4 3 2)

の6通りが当たり。確率は

$$\frac{6}{24}=\frac{1}{4}$$

・$r=1$

*1番の人が1番目に来てはならない。

[*]1番の人が2番目に来れば当たり。

(2 1 3 4) (2 1 4 3) (3 1 2 4) (3 1 4 2)

(4 1 2 3) (4 1 3 2)

[*]1番の人が3番目に来た場合、1番目の人と2番目の人のうち優れた人が1番目に来なければならない。

(2 3 1 4) (2 4 1 3) (3 4 1 2)

[*]1番の人が4番目に来た場合、1番目の人と2番目の人と3番目の人のうち一番優れた人（つまり2番の人）が最初に来なければならない。

(2 3 4 1) (2 4 3 1)

全部で11通りなので、確率は

$$\frac{11}{24}$$

・$r = 2$

[*]1番の人が最初と2番目に来てはならない。

[*]1番の人が3番目に来れば、当たり。

(2 3 1 4) (2 4 1 3) (3 2 1 4) (3 4 1 2)

(4 2 1 3) (4 3 1 2)

[*]1番の人が4番目に来た場合、1番目の人と2番目の人と3番目の人のうち一番優れた人（つまり2番の人）が最初か2番目に来なければならない。

(2 3 4 1) (2 4 3 1) (3 2 4 1) (4 2 3 1)

全部で10通りなので、確率は

$$\frac{10}{24} = \frac{5}{12}$$

・$r = 3$

*1番の人が1番目〜3番目に来てはならない。

*1番の人が4番目に来れば当たり。

(2　3　4　1)　(2　4　3　1)　(3　2　4　1)　(3　4　2　1)

(4　2　3　1)　(4　3　2　1)

　全部で6通りなので、確率は

$$\frac{6}{24} = \frac{1}{4}$$

$n = 5$のとき

　候補者の並び方は120通りになる。

　こうなると実際に検討するのはかなりしんどいので、ここらで一般的に考えてみることにしよう。

　その前に、今までの結果をまとめてみる。

　$n = 1$のときは意味がない。

　$n = 2$のときは、$r = 0$でも$r = 1$でも確率は$\frac{1}{2}$となる。

　$n = 3$のときは、$r = 1$が最適で、確率は$\frac{1}{2}$となる。

　$n = 4$のときは、$r = 1$が最適で、確率は$\frac{11}{24}$になる。

　どうもこれだけではどのような傾向になるのかよくわからないが、$n = 5$の場合を実際に確かめるのはかなり大変そうなので仕方がない。

　全部で n 人いるので、1番の人が t 番目に並ぶ確率は $\dfrac{1}{n}$ となる。

　$r=0$ とした場合、最初に交際する人と結婚することになるので、1番の人が最初に交際する人である確率 $\dfrac{1}{n}$ が、1番の人と結婚する確率となる。

　以下、$r \geqq 1$ として考えていこう。

・1番の人が1～r の中に入っている場合、その人と結婚する確率は0。

・1番の人が $r+1$ 番目に並んでいる場合、その人と結婚する確率は1。つまり確率は

$$\frac{1}{n} \cdot 1 = \frac{1}{n}$$

・1番の人が $r+2$ 番目に並んでいる場合、1番目から $r+1$ 番目の中で最高の人が1番目から r 番目までに入っていなければならない。そうでなければその人と結婚してしまう。1番目から $r+1$ 番目の中で最高の人が1番目から r 番目に入っている確率は

$$\frac{r}{r+1}$$

　したがってこのとき1番の人と結婚できる確率は

$$\frac{1}{n} \cdot \frac{r}{r+1}$$

・１番の人が$r+3$番目に並んでいる場合、１番目から$r+2$番目の中で最高の人が１番目からr番目までに入っていなければならない。そうでなければその人と結婚してしまう。１番目から$r+2$番目の中で最高の人が１番目からr番目に入っている確率は

$$\frac{r}{r+2}$$

したがって、このとき１番の人と結婚できる確率は

$$\frac{1}{n} \cdot \frac{r}{r+2}$$

・一般項を考える。１番の人が$r+k$番目に並んでいる場合、１番目から$r+k-1$番目の中で最高の人が１番目からr番目までに入っていなければならない。そうでなければその人と結婚してしまう。１番目から$r+k-1$番目の中で最高の人が１番目からr番目に入っている確率は

$$\frac{r}{r+k-1}$$

したがってこのとき１番の人と結婚できる確率は

$$\frac{1}{n} \cdot \frac{r}{r+k-1}$$

　１番の人が、１番目からn番目までに並ぶときの確率をすべて合計すれば、求める確率となる。この確率をS_rとしよう。
$(r \geqq 1)$

$$S_r = 0 + 0 + \cdots + 0 + \frac{1}{n} + \frac{1}{n} \cdot \frac{r}{r+1} + \frac{1}{n} \cdot \frac{r}{r+2} + \cdots + \frac{1}{n} \cdot \frac{r}{n-1}$$

$$= \frac{1}{n} \cdot \frac{r}{r} + \frac{1}{n} \cdot \frac{r}{r+1} + \frac{1}{n} \cdot \frac{r}{r+2} + \cdots + \frac{1}{n} \cdot \frac{r}{n-1}$$

$$= \frac{r}{n} \left(\frac{1}{r} + \frac{1}{r+1} + \frac{1}{r+2} + \cdots + \frac{1}{n-1} \right)$$

$$= \frac{r}{n} \sum_{k=r+1}^{n} \frac{1}{k-1}$$

この式を用いて、$n=5$ のときの S_r を求めてみよう。$r=0$ のときこの式を用いることはできないが、明らかに $S_0 = \dfrac{1}{n}$ となる。

$$S_0 = \frac{1}{5} = 0.2$$

$$S_1 = \frac{1}{5} \left(\frac{1}{1} + \frac{1}{2} + \frac{1}{3} + \frac{1}{4} \right) = \frac{5}{12} = 0.4166666\cdots$$

$$S_2 = \frac{2}{5} \left(\frac{1}{2} + \frac{1}{3} + \frac{1}{4} \right) = \frac{13}{30} = 0.43333333\cdots$$

$$S_3 = \frac{3}{5} \left(\frac{1}{3} + \frac{1}{4} \right) = \frac{7}{20} = 0.35$$

$$S_4 = \frac{4}{5} \left(\frac{1}{4} \right) = \frac{1}{5} = 0.2$$

したがって、$n=5$ のとき、$r=2$ が最適で、1 番の人と結婚する確率は $\dfrac{13}{30}$ で約43%となった。

ここまでのところをまとめてみよう。

n	最適な r	r/n	S_r
3	1	0.333…	0.5
4	1	0.25	0.458…
5	2	0.4	0.433…

先に求めた式を用いて、もう少し求めてみる。

n	最適な r	r/n	S_r
6	2	0.3333…	0.4277…
7	2	0.2857…	0.4142…
8	3	0.375	0.4098…
9	3	0.3333…	0.4059…
10	3	0.3	0.3986…

もっと大きな n でやってみよう。

n	最適な r	r/n	S_r
100	37	0.37	0.3710…
1000	368	0.368	0.3681…
10000	3679	0.3679	0.3679…

何かの値に近づいていっていることは間違いなさそうだ。

それでは、S_r の最大値を求めてみよう。r が十分に大きければ、

$$\frac{1}{r}+\frac{1}{r+1}+\frac{1}{r+2}+\cdots+\frac{1}{n-1}\fallingdotseq\log n-\log r$$

となるので（92ページのNOTE 3参照）、あらためて

$$T_r=\frac{r}{n}(\log n-\log r)\quad r\geqq1$$

と置く。これは連続関数だから、微分して最大値を求めることができる（93ページのNOTE 4参照）。

$$\frac{d}{dr}T_r=\frac{1}{n}\left(\log\frac{n}{r}-1\right)$$

これが0になるのは、

$$\log\frac{n}{r}-1=0$$

$$\log\frac{n}{r}=1$$

$$\frac{n}{r}=e\ \text{つまり、}\ r=\frac{n}{e}\text{のとき}$$

増減表は次のようになる。

r	1	$\cdots$	$\dfrac{n}{e}$	$\cdots$
$\dfrac{d}{dr}T_r$	$\dfrac{1}{n}(\log n-1)$	$+$	0	$-$
T_r	$\dfrac{1}{n}\log n$	$\nearrow$	$\dfrac{1}{e}$	$\searrow$

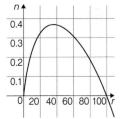 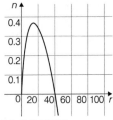

左が$n=100$、右が$n=40$のときのグラフ

それぞれ$r = \dfrac{40}{e} = 14.71\cdots$、$r = \dfrac{100}{e} = 36.78\cdots$のとき、

最大値 $\dfrac{1}{e} = 0.3678\cdots$ をとっている

T_rが最大となるときの確率は

$$T_{\left(\frac{n}{e}\right)} = \dfrac{\frac{n}{e}}{n} \log \dfrac{n}{\frac{n}{e}} = \dfrac{1}{e} \log e = \dfrac{1}{e}$$

結局、$\dfrac{n}{e}$ までの人はお断りし、それ以後交際した人が今まで

で最高なら結婚する、という戦略を用いるのが最善で、その

場合最高の相手と結婚する確率は$\dfrac{1}{e}$となる。

$$\dfrac{1}{e} = 0.3678\cdots$$

では、冒頭の20歳の若者に最適の戦略を教えることにしよう。

$\dfrac{40}{e} = 14.715\cdots$なので、最初の15人はお断りし、その後交際

した人がそれまでで最高であればその人と結婚する、というの

が最適の戦略で、最高の人と結婚できる確率は約37%だ。

あらためて

$$S_r = \frac{r}{n} \left(\frac{1}{r} + \frac{1}{r+1} + \frac{1}{r+2} + \cdots + \frac{1}{n-1} \right)$$

を使ってそのあたりを確かめておこう。

$n = 40$ として、$r = 15$ 前後の値を求めてみる。

$$S_{13} = \frac{13}{40} \left(\frac{1}{13} + \frac{1}{14} + \frac{1}{15} + \cdots + \frac{1}{39} \right) = 0.373858\cdots$$

$$S_{14} = \frac{14}{40} \left(\frac{1}{14} + \frac{1}{15} + \frac{1}{16} + \cdots + \frac{1}{39} \right) = 0.375693\cdots$$

$$S_{15} = \frac{15}{40} \left(\frac{1}{15} + \frac{1}{16} + \frac{1}{17} + \cdots + \frac{1}{39} \right) = 0.375742\cdots$$

$$S_{16} = \frac{16}{40} \left(\frac{1}{16} + \frac{1}{17} + \frac{1}{18} + \cdots + \frac{1}{39} \right) = 0.374125\cdots$$

$$S_{17} = \frac{17}{40} \left(\frac{1}{17} + \frac{1}{18} + \frac{1}{19} + \cdots + \frac{1}{39} \right) = 0.370945\cdots$$

　最高の人と結婚できる確率が約37％というのを大きいとみるか小さいとみるかは人によって異なるだろうが、何の戦略もなしに結婚相手を選ぶ場合の確率が $\frac{1}{n}$ であることを考えれば、この戦略はかなり優秀な戦略だと言えるのではないか。

　ただし、これはあくまで数学的な遊びであり、これを現実に応用しようなどとは考えないほうがいいだろう。

　たとえばこの若者の場合、運悪く15人目までの交際相手の中に1番の人がいたら、「あの人が最高だったのに」と思いながら30歳の誕生日を迎えることになってしまう。また運良く1番の人に結婚を申し込むことができたとしても、残りの人と交際をしないのだから、その人が最高だったということはわからな

い。2番、3番、……の人に結婚を申し込むことになったとしても、その人が1番でないことは結局わからないままだ。

そもそも候補者を1番、2番、3番、……というように1次元的に並べられるという仮定そのものが現実とかけ離れている。

ミス・ユニバース大会などを見ていて、1位の人が2位、3位、……の人よりも美しいと思ったことはほとんどない。商業的な理由があるのだろうが、審美眼が自分よりも優れているとはとても思えない何人かの審査員の偏見に満ちた判定をなんでそれほど尊重しなければならないのか、いつも疑問に思う。文学賞の審査なども同様だ。文学賞を受賞した人がその後鳴かず飛ばず、そのとき落選した人が大活躍するというような例は枚挙に暇がない。

そういう意味で、ノーベル賞に数学賞がない、というのは気に入っている。数学的な業績に順位なんかつけられてたまるか、という思いがあるからだ。

　恋と革命と数学に生きた、ソーニャの愛称で知られる緑の瞳の数学者、ソフィア・コワレフスカヤ（1850〜1891）をめぐって数学者のヨースタ・ミッタク＝レフラー（1846〜1927）と恋のさやあてをしたアルフレッド・ノーベル（1833〜1896）が、ソーニャに振られた腹いせに、間違ってもミッタク＝レフラーがノーベル賞をもらうことがないようノーベル数学賞をなくした、というホントかウソかわからないウワサもわたしのお気に入りだ。

　それよりも、現実問題としては、最高の人に結婚を申し込んだとしても、その人が受け入れてくれるかどうかの方が問題だろう。

　屈原（BC343頃〜 BC278頃）の作と伝えられている長詩『離騒』は次のようにはじまる。

　　わたしは高陽の帝の苗裔であり、わたしの亡父の字は伯庸という。
　　わたしは寅の年の寅の月の寅の日に生まれた。

コワレフスカヤ（中）をめぐり争ったと噂されているノーベル（左）とミッタク＝レフラー（右）

天の祝福を受けてこの世に生を受けたわが英雄は、天性の麗質にめぐまれ、成長してからも厳しく身を慎み、徳を積んでいった。しかしまわりは小人ばかりで、わが英雄を理解しうる者はいない。わが英雄は志を遂げることもできず、生まれ合わせた時代が間違っていたのだと嘆く。やわらかな蕙の若葉を手にとって涙をぬぐうと、涙はわが英雄の襟を濡らしてとめどなく流れた。

　神霊の前にひざまずいて辞を述べたわが英雄は、自分が聖人の中正を得たという確信を得る。わが英雄が4頭の玉の虬（角のない竜）が牽く鷖（鳳凰の類）に乗り込むと、鷖はたちまち舞い上がった。地上に絶望したわが英雄は、せめて自分にふさわしい佳人を伴侶に得ようと、天空を翔る。

　まず閬風に向かうが、そこには美女がいなかった。

　次にわが英雄は古の神女、宓妃に結婚を申し込むが、宓妃はまともに取り合ってくれない。宓妃はおのれの美貌をたのみにおごり、淫らな遊びにふけっていた。あんな女はこちらから願い下げだと思った英雄はその地を去る。

　天を慫慂したわが英雄は、玉の台の上に遊ぶ有娀氏の美女を発見した。早速求婚するが、うまくいかない。

　次に有虞国の姚氏のふたりの娘を目に止めたが、また振られてしまう。

　わが英雄はあこがれの乙女を求め、はるかな天界へ昇ることを決意する。そして天の陽光が輝く中、さらに高く登ろうとしたとき、ふとわが故郷が目の下にちらりと見えた。その瞬間、従僕は国を去る身を悲しみ、馬も後をふりかえりながら前へ進もうとしなくなった。

長詩は余韻を残して、結びに入る。

乱(おさめ)に曰(いわ)く。
已(や)んぬるかな。
国に人無く、我を知るなし。
またなんぞ故都を懐(おも)わん。
すでにともに美政を為すに足るなし。
われまさに彭咸(ほうかん)の居る所に従わんとす。

彭咸は英雄が尊崇してやまない古の賢者だ。
天の祝福を受けてこの世に生を受けたわが英雄ですら、数多の美女に袖にされ、思いを遂げることができない。
まして凡俗である我々をや。

奇妙なところにeが登場したものだ。しかし、なんで大騒ぎするのか、eのどこがすごいのかはまったくわからない。

それにしても、「当たる確率が$\frac{1}{n}$のくじ……」にしても、「置き換えられた封筒……」にしても、「結婚問題」にしても、まったく関係がないように見えるのだが、どれも$\frac{1}{e}$になるというのは実に不思議だ。
そもそも、なぜこんなところにeが登場するのだろうか。eには神秘的な力が秘められているかのようにも思えてくる。
eよ、おまえの正体は、いったい……。

● $\dfrac{1}{r} + \dfrac{1}{r+1} + \dfrac{1}{r+2} + \cdots + \dfrac{1}{n-1} \fallingdotseq \log n - \log r$ について

次の章で触れるが、$\log x$ を微分すれば $\dfrac{1}{x}$ になる。

$$\frac{d}{dx}\log x = \frac{1}{x}$$

したがって、$\dfrac{1}{x}$ を $1 \leqq x \leqq n$ の範囲で積分すれば、次の
ようになる。

$$\int_1^n \frac{1}{x}dx = \Big[\log x\Big]_1^n = \log n - \log 1 = \log n$$

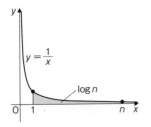 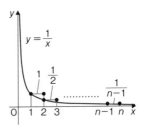

左図のグレーの部分の面積が $\log n$ だ。

また、右図のように長方形を描くと、縦の長さは

$1, \dfrac{1}{2}, \dfrac{1}{3}, \cdots, \dfrac{1}{n-1}$ となり、横の長さは 1 なので、

その面積は左から $1, \dfrac{1}{2}, \dfrac{1}{3}, \cdots, \dfrac{1}{n-1}$ となる。n が

小さいうちは凸凹が気になるが、nが十分に大きくなれば

$$1 + \frac{1}{2} + \cdots + \frac{1}{n-1} \fallingdotseq \log n$$

となることも納得がいくはずだ。さらにこの場合は、誤差の大きい最初の部分を切り取っているので、誤差はさらに小さくなる。

したがって、

$$\frac{1}{r} + \frac{1}{r+1} + \cdots + \frac{1}{n-1}$$

$$= \left(1 + \frac{1}{2} + \cdots + \frac{1}{r-1} + \frac{1}{r} + \cdots + \frac{1}{n-1}\right) - \left(1 + \frac{1}{2} + \cdots + \frac{1}{r-1}\right)$$

$$\fallingdotseq \log n - \log r$$

NOTE 4

● $T_r = \dfrac{r}{n}(\log n - \log r)$ の微分について

まずは n が定数であることに注意して、もとの式を少し変形しよう。

$$T_r = \frac{r}{n}(\log n - \log r)$$

$$= \frac{r}{n}\log n - \frac{r}{n}\log r$$

$$= \frac{\log n}{n}r - \frac{1}{n}r\log r$$

ここで、

$$\frac{d}{dr}r = 1$$

$$\frac{d}{dr}r\log r = 1 \cdot \log r + r \cdot \frac{1}{r}$$

$$= \log r + 1 \quad ((uv)' = u'v + uv' \text{を使う})$$

なので、

$$\frac{d}{dr}T_r = \frac{\log n}{n} \cdot 1 - \frac{1}{n}(\log r + 1)$$

$$= \frac{1}{n}(\log n - \log r - 1)$$

$$= \frac{1}{n}\left(\log \frac{n}{r} - 1\right)$$

第 **4** 章

e^xの微分

4│1　ナブラ演算子ゲーム

　ナブラ演算子ゲームというカードゲームがある。東大の理工系の学生が作ったという、なかなかおもしろそうなゲームだ。

　三角形を逆さまにした記号∇を「ナブラ」と呼ぶ。

　四元数で有名なアイルランドの数学者、ハミルトン（1805〜1865）が使いはじめたらしいが、便利な記号なのでたちまち世界中に広がっていった。

　△を逆さまにしたものなので、デルタ（delta）を逆にして「アトレッド」（atled）と読んだりした人もいたが（なかなかいいセンスをしていると思う）、古代アッシリアの竪琴ナブラに形が似ているという理由で、ナブラという呼称が一般的になっている。ナブラという名の竪琴は、日本で生まれ育ったわたしにはとんと馴染みのない代物だが、旧約聖書にも出てくるらしく、西欧の人々には耳慣れた単語なのかもしれない。

ナブラは微分の演算子で、1変数で定義された関数に作用さ
せる場合は普通の微分 $\frac{dy}{dx}$ と同じになる。∇が真価を発揮する
のは多変数関数の場合だが、ゲームを楽しむだけならこの点を
押さえておくだけで十分だ。
　ナブラ演算子ゲームという命名からは、大学に入って∇とい
うような不思議な記号を学び、それをカッコヨク使いこなして
いる自分に有頂天になっている学生のうきうきした気分が伝わ
ってくるようで、こちらも楽しくなってくる。
　またこのゲームには△（ラプラシアン）という演算子も登場
する。ラプラシアンは言うまでもなくラプラス作用素のこと
で、その意味するところは次の通り。
$$\triangle = \nabla \cdot \nabla = \nabla^2$$
つまり∇を2回作用させる、という意味だ。
　ラプラシアンという名称はもちろんラプラス（1749〜1827）
に由来する。
　ナポレオン（1769〜1821）に「なぜあなたの著書には神が出
てこないのか」と問われ、「わたしの書物にはそのような仮定
は必要ないのです」とこたえたというエピソードが有名だ。
　このこたえからは、この世の森羅万象は計算可能だ、という
自信が感じられる。さらに一歩進んで、「もしある瞬間におけ
るすべての物質の位置、速度、質量などの力学的状況を知り、
それを解析しうる知性が存在するとすれば、その知性にとって
は、未来も過去と同じようにすべて確定的に見ることができる
はずだ」と主張した。その後、人々はこの知性をラプラスの悪
魔と呼ぶようになった。
　ラプラスの悪魔が存在するとすれば、未来は完全に決定され

ているということになる。わたしが何かを決断したとすれば、それはわたしの脳の作用の結果だ。脳は当然のことながら原子からできている。すべての原子がラプラスの言うとおりニュートンの運動方程式にしたがって厳密に運動し続けるのなら、脳を構成する原子もその方程式にしたがって動く。したがってわたしが自由に決断したと思ったとしてもそれは錯覚であり、そのような決断をするということははるかな昔から決まっていたことになる。

　本当のところはどうなのだろうか。

　ラプラスの悪魔は存在しうるのだろうか。そのあたりのことは第 6 章で議論しようと思う。

　ゲームをはじめるにはまず専用のカードが必要となる。このカードは東大の生協で売っているし、その他ゲーム専門店などで取り扱っている。興味がある人はナブラ演算子ゲームのホームページを訪問することをおすすめする。ナブラくんとラプラシアンちゃんによる解説動画などもあって、なかなか楽しい。

　それ以外に、紙とエンピツ、消しゴムも必要だ。『数学女子』に登場する大学教授は「うちは世界最高峰とほとんど同じレベルの研究設備なんだよ」と自慢していた。つまり紙とエンピツである。ナブラ演算子ゲームを楽しむためにもやはり、世界最高峰の機器が必要となる。

　カードには、0，1，x，x^2，$\sin x$，$\cos x$，e^x などの関数や、×，÷ などの演算記号、$\dfrac{d}{dx}$，$\int$，∇，$\triangle$ などの演算子、その他に lim などが書かれている。

　ゲームは 2 人で行う。まず 7 枚ずつカードを配り、残りのカ

ードは山として場に置く。それぞれの場に1, x, x^2という関数を書けば準備完了だ。

　場にある関数は「基底(きてい)」と呼ぶが、いわばこれがモンスターだ。カードを使って相手のモンスターをすべてやっつければ勝ちとなる。つまり、モンスターを0にする（抹殺する）か、±∞に発散（無限のかなたに吹き飛ばす）させればいい。

　自分のモンスターを積分したり、×カードと$\sin x$カードを使って自分のモンスターに$\sin x$という鎧を掛け合わせたりして、自陣を強化することもできる。

　カードを消費して敵陣を攻撃し、あるいは自陣の防御を強化し、消費したカードを山から補充すれば1ターンが終了する。

　計算はカードを使用した人がやらなければならない。

　ゲームを進めていくと、難解な積分計算をしなければならないはめにおちいる可能性もあるので、注意が必要だ。

　カードは原則として1つのモンスターにのみ作用する。

　∇（ナブラ）と△（ラプラシアン）は例外で、敵陣か自陣の場にいるすべてのモンスターに作用する。

　場にあるすべての関数を 2 階微分しろというラプラシアンが非常に強力なカードであることは理解できよう。

　第 1 手にラプラシアンを用いれば、

$$1 \rightarrow 0 \ \rightarrow 0$$
$$x \rightarrow 1 \ \rightarrow 0$$
$$x^2 \rightarrow 2x \rightarrow 2$$

とほぼ全滅状態になってしまう。

　そのため、初手のラプラシアン攻撃は禁じ手となっている。またラプラシアンは非常に強力なので、2 枚しか存在しない。しかし……。

　　激しい攻撃に、悪魔軍のモンスターたちはじりじりと後退していった。

「うろたえるな」

　　罵声とともに、悪魔軍の陣の後方から魔王が姿をあらわした。魔王は目をかっと見開き、敵陣を睨め回した。

「お遊びはこれまでだ」

　　魔王が、背に負っていた巨大な剣を抜いた。その柄頭(つかがしら)にはくっきりと△の紋様が刻まれていた。

　　ざわめきが一巡した。

「あれは……」

「伝家の宝刀……」

「ついに……」

　　大剣を振りかぶった魔王は、奇妙なことにその剣先を敵にではなく、大地に向けた。

「もしや、秘術、ラプラシアンを使うつもりでは……」

「それを目にして生き残った者はいないという、あのラプラシアンを……」

　それを目にして生き残った者がいないのに何でラプラシアンの話が広まっているのか、というつっこみはやめておこう。

　裂帛の気合とともに魔王が大剣を大地に突き立てた。

　耳を聾する轟音とともに大地が揺れ、閃光が目を貫き、電光が敵陣を舐め尽くす。

　朦々たる煙が敵陣を覆う。

　すべての命ある者は死に絶えた、と思えた。

　その時、煙の中に何か動くものが見えた。

　e^xだ。

「その程度か」

　にやりと笑うと、e^xは落ち着いた声でつぶやいた。

「まさか……」

　さしもの魔王も顔面蒼白となった。

　そう、e^x はラプラシアンの攻撃を受けても傷一つ受けないのだ。

　e^x は微分しても形が変わらない唯一の関数だ。当然のことだが、微分の逆演算である積分をしても変わらない（積分定数は無視する）。

　次は e^x の微分に挑戦することにしよう。

4│2　右足の次に左足を前に出すのは……

　と、ここまで書いたところで、編集者から「なぜ『e』を微分するのか、まずはその理由を示せ」とクレームがついた。

　実に理不尽な要求だ。

　そんなことを示すことなどできるはずもない。

　目の前にわけのわからないものがあったら、とにかくなでたり叩いたりなめたりしていじくりまわし、その正体を明らかにしていかなければならない。

　数学で目の前にわけのわからない関数があった場合、可能であればとにかく微分するというのが第一歩だ。そんなときにどうして微分するのかと問われても、こたえようがないではないか。

　たとえて言えば、歩くとき、右足を前に出した後どうして左足を前に出すのか、と問うようなものだ。当たり前過ぎることを説明するのは実に難しい。前に進むためには右足の次に左足を前に出す必要があるからだ、というような説明は、同語反復のようなもので、説明になっていない。そんな説明が許される

なら、前に進むためには微分が必要だからだ、という説明で十分なはずだが、そんな説明をすれば、「このわしをバカにしておるのか」と怒鳴りつけられるに決まっている。

　そもそも、「e」は定数であってそれを微分すれば0になるに決まっている。ここで微分しようとしているのは e^x であって e ではない。

　昔ポスターに「殿、あまりといえばあまりのなされよう」と書かれた映画があった。その映画では、主君の理不尽な要求に耐え続けてきた家臣らが最後の最後になって主君に叛旗を翻す。

　わたしも編集者の圧制に苦しんでいる同志を糾合して、むしろ旗を掲げて殴りこみをかけようか、とも思ったが、いつもは心の隅で縮こまっている「常識」というやつがさすがにたまりかねてわたしの足にすがりつき、「どうかそれだけはおやめください」と懇願しはじめた。

　わたしも「常識」君の訴えに一理あることを認め、むしろ旗の蜂起は断念することにしたが、しかし蜂起を断念すれば、なぜ微分をするのかをここで説明しなければならない。

　わたしは困り果ててしまった。

　わけがわからなくなってしまったときの対処法として、歴史的にその起源をさかのぼる、という手がある。

　とにかくその方法を使うことにしよう。

　e という不思議な数が、高利貸の夢の数として人類の前に登場したという話は前述した。その後、確率の計算などでひょっこり e が登場したりしたが、e の本当の姿に気づいた者はいなかった。

　eを再発見したのはオイラーだった。高利貸とも確率ともまったく関係のないところで、オイラーはeを見つけ、すぐにその重要性に気づいた。

　それ以後、eは数学にとってなくてはならない重要な定数として世に知られるようになったのである。

　ラプラスの悪魔で有名なラプラスはいつも「オイラーを読め。オイラーを読め。オイラーは常にわれわれみなの師だ」と言っていたと伝えられているが、ここもオイラーにすがりつくことによって何とか危機を免れることができそうだ。

　オイラーは指数関数を巾級数に展開しようとした。
　指数関数とは、次のようにあらわされる関数だ。

$$y = a^x \qquad a > 0$$

　これまでのところ、aの右肩に乗っている指数xについては、正の整数の場合しか考えていないが、当然オイラーはxが全実数で定義されている指数関数について考えている。xの範囲の拡張については次の節で述べる。

　巾級数とは、オイラーの書き方に従えば、次のようにあらわされる式だ。

$$A + Bz + Cz^2 + Dz^3 + \cdots$$

　z^2, z^3は言うまでもなく、それぞれ$z \times z$, $z \times z \times z$を意味している。このように同じ数を繰り返しかけた量のことを「冪」という。

　見慣れない冪という漢字に戸惑うかもしれないが、わたしが愛用している『現代活用玉篇』（韓国語の漢字字典）によれ

ば、部首は「冖」、総画数は16、意味は①おおう、②べき、③天幕で、冪を使う単語としては、「冪冪」があり、その意味は「雲のたぐいが重なっている様子」だという（旧字体は「艹」が「卝」になっているため、総画数が15ではなく16になっている）。

　江戸時代の数学者、和算家たちは「冪」という単語を多用していたが、いちいち16画の文字を書くことを面倒くさく感じていたらしい。そこで「冪」のかわりに「巾」という文字を使い、「べき」と読ませていた。「冪」という文字全体を書くのが面倒なので、下にある「巾」だけを書いたのがはじまりと思われる。「巾」という文字は普通「べき」とは読まないし、「冪」のような意味もないのだが、強引に「巾」を当てていたのだ。江戸時代の文字使いはかなり自由で、このような当て字があちこちで使われていた。そこでわたしも、冪級数を巾級数と書くことにしている。

　巾級数の効用については、オイラーを引用しよう。

　　たとえ限りなく続いていく形状によってではあっても、もし首尾よくこのような形に表示されたなら、超越関数の性質はいっそうよく理解されるであろうと考えられるのである。実際、整関数の性質は、zのさまざまな冪を用いて展開されて$A+Bz+Cz^2+Dz^3+\cdots$という形に帰着されたとき、一番よく把握される。同様に他のあらゆる種類の関数についても、それらの性質を心に描くには、たとえ項数が実際に無限になるとしても、このような形状が最適であろうと思われる。（前掲『オイラーの無限解析』）

いま、次のような関数が目の前にあったとしよう。

$$y = \text{detarame}(x)$$

この関数の性質を心に描くことのできる人はどこにもいない。

わたしが今でたらめに作った関数であり、作ったわたし自身もまったく見当もつかないのだから、当然だ。

ところがこの関数が次のように巾級数展開されていたとしたらどうだろうか。

$$y = \text{detarame}(x) = a_0 + a_1 x + a_2 x^2 + a_3 x^3 + \cdots$$

少なくとも $-1 < x < 1$ の範囲なら、x^n は恐ろしい速さで 0 に近づいていくので、その値を想像することができる。たとえば、$x = 0.1$ の場合は、

$$a_0 + a_1 \times 0.1 + a_2 \times 0.1^2 + a_3 \times 0.1^3 + \cdots$$

を計算していけばいいのだ。

さらに式の右辺はすべて $a_n x^n$ の形をしているので、微分積分を習ったばかりの高校生でも簡単に微分したり積分したりできる。

巾級数展開がいかに便利で、かつ重要か、納得できただろうか。

中学生のころ、だから半世紀ほど昔のことだが、歴史ドキュメンタリードラマで、西洋砲術を学んだ維新の志士が、大砲を撃つ場合に絶対に必要なことだからと、獄中で必死になって三角関数表を作る場面を見たことがある。

まだ中学生だったわたしは、獄中でどうやって sin や cos を計

算するのか、不思議でならなかった。巨大な器械を作って実測
する以外の方法しか思いつかなかったからだ。

　しかし今は、巾級数を使ったのではないか、と思っている。
たとえばsin1°を計算しようと思えば、巾級数のxに

$$\frac{\pi}{180} = \frac{3.141592\cdots}{180} = 0.01745329\cdots$$

を代入して計算していけばいいのだ。わたしなどにはうんざ
りする計算に見えるが、オイラーなら有効数字3桁や4桁ぐら
い暗算でやってしまうはずだ。江戸時代の和算家の大半はそろ
ばんの達人だった。そろばんの達人もこの程度の計算は暗算で
こなしてしまうのではないか。

　小学校、中学校までの数学は「たす、ひく、かける、わる」
という計算によって作られていくが、高校へ行くとsinとかcos
とか、「たす、ひく、かける、わる」では処理しきれない関数
が登場する。

　このように、xの「たす、ひく、かける、わる」で表現する
ことのできない関数を超越関数と呼んでいる。

　巾級数展開は、超越関数を「たす、ひく、かける、わる」の
世界に強引に引き込む役割をしているのだ。

　では、オイラーがどうやってeを発見したかを見ていくこと
にしよう。オイラーは、

$$y = a^x \qquad a > 1$$

という指数関数の巾級数展開を目指す。

　まず、$a^0 = 1$で、aの指数が0より大きくなれば、a^xも1より
大きくなることに注目する。

　そしてオイラーの魔法がはじまる。前にも引用した箇所だが、重要な部分なのでもう一度引用する。

> 　ωは無限に小さい数、すなわち、どれほどでも小さくてしかも0とは異なる分数としよう。(前掲書)

と、オイラーは宣言する。

　このようなω（無限小数）を使うのがオイラーの手法なのだが、このためオイラーのやり方は厳密ではない、乱暴だという非難を免れることはできなかった。その後、コーシーらが無限小数を使わない手法を編み出し、厳密化を試みたことは前述した。そしてさらにその後、ロビンソンが無限小数の存在を仮定しても（ロビンソンは無限小超実数と呼んでいた）数体系に矛盾が生じないことを証明し、無限小数や無限大数が復権したという事情も述べた。

　つまり0であって0でない幽霊のような数——無限小数——を使うオイラーの手法は、今では正当であると認められている。

　そこで、そのような無限小数ωを導入すると、a^{ω}は1より大きいということになる。つまり、

$$a^{\omega} = 1 + \psi$$

と置くことができる。ここでψが無限小数でないとすれば、ωも無限小数でないことになってしまうので、ψも無限小数である。したがって、$\psi = \omega$か、$\psi > \omega$か、$\psi < \omega$のいずれかになる。だから、

この比は文字 a で表記された量に依存するが、今はま
だ未知なのであるから、ともあれ $\psi=k\omega$ と置いてみよう。
（前掲書）

ということになり、次の式が出てくる。

$$a^\omega = 1 + k\omega$$

　ここからオイラーの華麗な魔法がはじまる。それを細かく説
明したいのはやまやまなのだが、そんなことをすれば「読者を
置いてきぼりにして筆者の趣味に走るなどとんでもない」とい
う編集者の怒声が飛んでくるのが目に見えているので、具体的
な説明はここらで終わることにしよう。興味のある方には、前
掲の『オイラーの無限解析』をひもとくことをお勧めする。
　オイラーの e 発見の物語は割愛し、これ以後は、e^x の巾級数
展開を目標として、次のように進めていこうと思う。

　　　① e^x の x を実数全体に拡張する。
　　　② $y=e^x$ の逆関数である対数を導入する。
　　　③ e^x を微分する。
　　　④ e^x を巾級数展開する。
　　　⑤ あとで必要になるので、$\sin x$，$\cos x$ も巾級数展
　　　　開しておく。

4│3　指数の拡張

　ふらんすへ行きたしと思えども、ふらんすはあまりに遠し
（萩原朔太郎）をもじって言えば、e^x を微分したしと思えども、
e^x は未だ不連続……。

　これまで、e^xはeをx個掛け合わせたものだと理解してきた。つまりxは自然数に限られており、$y=e^x$は不連続なのだ。不連続な関数を微分することなどできない。そこでe^xを叩き、潰し、引き伸ばして連続にしてしまおう。

　まず指数関数a^xの指数xを有理数に拡張する。$a^{\frac{1}{2}}$から考えよう（$a>0$）。

$$a^{\frac{1}{2}} \cdot a^{\frac{1}{2}} = a^{\frac{1}{2}+\frac{1}{2}} = a^1 = a$$

$a^{\frac{1}{2}}$を2回かければaになる。逆に2回かけてaになるのは$\sqrt{a}$だ。だから$a^{\frac{1}{2}}$は$\sqrt{a}$だと考えればいい。

　同様にして、$a^{\frac{1}{3}}$を3回かければaになり、$a^{\frac{1}{4}}$を4回かければaになり、……以下同様。

$$a^{\frac{1}{2}} = \sqrt{a} \qquad a^{\frac{1}{3}} = \sqrt[3]{a} \qquad a^{\frac{1}{4}} = \sqrt[4]{a} \qquad \cdots$$

　aの$\frac{1}{n}$乗はaのn乗根だった。では、aの$\frac{m}{n}$乗は？

$$a^{\frac{m}{n}} = \left(a^{\frac{1}{n}}\right)^m$$

　こう考えれば、aの$\frac{m}{n}$乗は、aのn乗根をm乗したものとなる。

　次はaの0乗を考えてみよう。

$$a^n \cdot a^0 = a^{n+0} = a^n$$

a^nにa^0をかけてもa^nは変わらない。かけても変わらないのは 1。だから$a^0 = 1$と考えればよい。

さらに、指数を負の数に拡張しよう。

$$a^n \cdot a^{-n} = a^{n-n} = a^0 = 1$$

a^nにa^{-n}をかけると 1 になる。このようになるのは $\dfrac{1}{a^n}$ だ。

だからa^{-n}は $\dfrac{1}{a^n}$ と考えられる。

最後に指数を無理数に拡張するが、これは少しやっかいだ。これまでのように、指数法則を利用して既知の関係に持っていくことができない。

無理数を小数展開すると、循環しない無限小数（無限に続く小数）になる。そこで小数展開したものを 1 桁ずつ定めていく。するとその極限を無理数乗と考えることができる。

たとえば 2 の$\sqrt{2}$乗は次のように定める。

$$\sqrt{2} = 1.41421356237309\cdots$$

なので、

$$2^1 = 2$$
$$2^{1.4} = 2.63901582154578\cdots$$
$$2^{1.41} = 2.65737162819302\cdots$$
$$2^{1.414} = 2.66474965018404\cdots$$
$$2^{1.4142} = 2.66511908853235\cdots$$

$$2^{1.41421} = 2.66513756179419\cdots$$

$$\cdots$$

とやっていき、その極限を 2 の $\sqrt{2}$ 乗と考えるのである。

整理しよう（$a>0$）。

・n, m を自然数とすると

$$a^{\frac{1}{n}} = \sqrt[n]{a}$$

$$a^{\frac{m}{n}} = (\sqrt[n]{a})^m$$

・$a^0 = 1$

・r を実数とすると、

$$a^{-r} = \frac{1}{a^r}$$

・指数が無理数の場合、その無理数を小数展開して、1 桁ずつ値を定め、その極限を取る。

これで指数が実数の範囲まで拡張された。

ここまで、指数の範囲を自然数から実数まで拡張する作業をしてきたわけだが、実はここでやったやり方は古い時代の——たとえばオイラーの時代の——方法なのだ。この方法は、たとえば指数が有理数であったならどう振る舞うのかを探究していく。現実の中で実験しながら一歩ずつ進んでいくのだ。しかしこの方法では、そんなものは存在しないのだ、という懐疑主義者の反駁を受け続けることになる。

前にも触れたが、現代の数学は基本的に公理主義の立場を取

っている。指数を拡張したいと思えば、そのようなものが実在するかどうかを気にすることなく、実数に拡張した指数を定義してしまうのである。

注意しなければならないのは、矛盾が存在しないように定義しなければならない、という点だけだ。矛盾のない定義をwell definedと表現する。この場合、well definedは「合理的に定義された」とでも訳すべきなのだろうが、この言葉自体は日常的に「うまく理解できる」というような意味合いで使われているらしい。

数学者は、いわば万能の魔法の杖を手に入れた魔法使いのようなものなのだ。どのような制約にとらわれることもなく、思いのままに公理を作り、定義をして、世界を作っていくことができる。

ただし、矛盾には気をつけなければならない。どのような微々たる矛盾でも、矛盾がその世界に入ってくれば、世界は崩壊してしまう。どれほど些細な矛盾でも、許されることはない。

自然科学や社会科学の理論の正しさは現実が担保してくれる。だから、少しぐらい矛盾があっても、それは理論がまだ完全でないための瑕疵であると考え、それを残したまま先へ進むことが許される。一部でも現実と合致していれば少なくとも理論の方向性は正しいとみなされる。

実際、とりわけ経済学や歴史学の理論など詳しく見ていけば矛盾だらけだが、経済学者や歴史学者はその矛盾を克服しようと一歩ずつ前進していく。最初から矛盾のない理論を作ろうとしても、原理的に不可能だからだ。

　数学は公理主義を採用することによって現実とのつながりを断った。勇敢にも、論理のみによって世界を構築する、と宣言したのだ。そしてそれによって真の自由を得たのだが、同時に矛盾との共生が不可能になった。

　論理の世界では、いかに些少なものであろうと、矛盾の存在を許せば、世界が崩壊してしまうことを示そう。

　論理の世界で矛盾とは、「Aである」と「Aでない」が同時に真であることを意味する。いま、「Aでない」を$-A$とあらわし、「Aである」と「Aでない」が同時に真であることを

$$A かつ -A$$

と表現することにしよう。また記号→を使い、

$$A \rightarrow B$$

をAが真であればBも真である、と解釈する。このとき、

$$A \rightarrow A$$

が成り立つのは納得できよう。Aが真であれば、Aも真である、という言明であり、説明は必要ない。

　この言明を一歩ゆるめた、

$$A \rightarrow A または B \quad \cdots ①$$

も受け入れてもらえるものと思う。Aが真であれば、Aが真であるか、Bが真であるか少なくともどちらかが成立する、という言明だ。この場合、Bには何が来てもかまわない。つまり、Bが偽であってもこの言明は成立する。もちろん、Aが真

でありかつBが真であってもかまわない。

いま、

$A \rightarrow B$またはC

が成立するとする。Aが真であれば、少なくともBとCのどちらかは真である、という言明だ。このとき、左辺が「Aかつ$-B$」となるとどうなるだろうか。Aと$-B$がともに真である場合だ。

式の左辺は、「A」であり、Aが真であることを要求している。「Aかつ$-B$」は、Aと$-B$がともに真であるという言明なので、当然Aは真であり、したがって左辺に代入することが可能だ。

左辺が「Aかつ$-B$」になると、$-B$が真なので、Bは消し去られる。

したがって、

Aかつ$-B \rightarrow (B$または$C)$ かつ $(-B) \rightarrow C$ …②

さて、ここからが本論だ。

まず、正しい言明①からはじめる。

$A \rightarrow A$またはB

この左辺を矛盾「Aかつ$-A$」にして、②の原理を使う。

Aかつ$-A \rightarrow (A$または$B)$ かつ $(-A) \rightarrow B$

結論をもう一度強調しておこう。

Aかつ$-A \rightarrow B$

前述したとおり、Bにはどのような命題が来てもかまわない。

とにかく、Aかつ$-A$という矛盾を許容した瞬間、すべてのBが真になってしまうのだ。「太陽が地球の周りをまわっている」でも「男が子供を産む」でも、何でもかんでも真になってしまう。

ここで、A，B，Cであらわしたのは命題だ。つまり真か偽かが明確に判定できる言明である。

たとえば、「彼女は美しい」という言明は命題ではない。真か偽か明確に判定できないからだ。

それに反し「$x=2$なら$x^2=4$である」や「4は素数である」は命題だ。前者は真の命題であり、後者は偽の命題である。

このことからわかるとおり、一般の言語による言明の大半は命題ではない。

したがって一般の言語を用いる普通の科学に、ここまでの論理的な厳しさを求めることはできない。

しかし論理だけが頼りの数学は、その厳しさに堪えなければならない。それが、真の自由を得た代償なのだ。

数学者が獲得した真の自由の例をひとつ紹介しよう。

iなどという数は存在しない、おれはiなんて認めないぞ、と叫んでいる人もいるようだが、ひねくれ者の数学者がiごときで満足するはずもない。

iは2乗すれば-1になる数だった。ならば、それ自身は0ではないが、2乗すると0になる数があってもいいのではないか。

もちろん実数にも複素数にもそんな数は存在しない。

その数をεとしよう。

つまり、

$$\varepsilon^2 = 0 \qquad \varepsilon \neq 0$$

そしてこの世界の数はすべて次のように表現できる。

$a + b\varepsilon \qquad a, b$は実数

この世界の足し算はどうなるだろうか。

$$(a + b\varepsilon) + (c + d\varepsilon) = (a + c) + (b + d)\varepsilon$$

ここは複素数と同じだ。ではかけ算は？

$$(a + b\varepsilon) \cdot (c + d\varepsilon) = ac + ad\varepsilon + bc\varepsilon + bd\varepsilon^2$$

$$= ac + (ad + bc)\varepsilon$$

$\varepsilon^2 = 0$なので、bdの項が消えてしまうのだ。

こんなもの、すぐに矛盾に逢着するに決まっている、と思うかもしれないが、なんとこれで無矛盾なのだ。これはこれで豊かな世界を持ち、たとえば自動微分で大活躍するなど、その実用性も認められている。

現在この数は「二重数」と呼ばれ、物好きな数学者によって研究が進められている。

これはうまくいった例だが、うまくいかなかった例も紹介しよう。

複素数$a + bi$は1とiを基底とする二元数だ。では三元数なるものを考えてもいいのではないか。

つまり複素数でない数jをさだめて、

$a + bi + cj$　　　a，b，c は実数、i は純虚数

というような数の世界である。

繰り返しになるが、j は実数でも複素数でもない数だ。

これは複素数の体系に新しい数 j を添加したものなので、当然、j^2 もこの世界の数にならなければならない。つまり j^2 も次のように表現されなければならない。

$$j^2 = a + bi + cj$$

この式を j について整理しよう。

$$j^2 - cj - (a + bi) = 0$$

これを j の 2 次方程式とみなすと、係数は 1，$-c$，$-(a+bi)$ とすべて複素数になる。代数学の基本定理は、次数が n（n は自然数）の任意の複素数係数の 1 変数代数方程式は複素数の範囲に n 個の根を持つ、と主張している。つまり j は複素数を係数とする 2 次方程式の根なので、複素数ということになる。

矛盾である。

残念ながら三元数の世界は崩壊してしまった。

この三元数を研究していたのがハミルトンだった。

複素数の公理化を進めていたハミルトンは、その一般化を進めようとしたがうまくいかず、十数年悩み続けていた。そして 1843 年 10 月 16 日、愛する妻と一緒にダブリン郊外の運河沿いを散歩していて、ブルーム橋にさしかかった瞬間、天啓のようなひらめきがあった。

$$a + bi + cj + dk \qquad i^2 = j^2 = k^2 = ijk = -1$$

として四元数を定めると無矛盾なのだ。

うれしくなったハミルトンはその場で $i^2 = \cdots$ の式を橋の欄干に刻みつけたという。現在はそこに、ハミルトンの発見を記念するプレートが設置されている。

三元数は存在しないが、四元数は豊かな世界を有している。

先に示した指数の拡張はwell definedであることが証明されている。世界が崩壊する心配はない。

安心して先に進むことにしよう。

4│4 対数

物質をミクロ化する技術が完成した未来で、脳出血によって人事不省になった要人を救うため、医療陣を乗せた潜水艇をミクロ化し、患者の血管に送り込んだ。潜水艇は思わぬ事故のため静脈側に流され、脳に到着するには心臓を通過しなければならなくなった。そのまま進めば、心臓内の激流のため潜水艇は破壊されてしまう。そのため一時的に心臓を停止させる措置が執られることになったが、秒を争う非常に危険な措置だ。まずは潜水艇が心臓を通過する時間を計算しなければならない。

その時、博士がおもむろに白衣の胸ポケットから小さな器械を取りだし、棒をずらしながら一瞬にして潜水艇の通過時間を計算した。

1966年に制作されたSF映画『ミクロの決死圏』の一場面だ。

このとき博士が取りだしたのは、電子機器ではなく、棒に対数目盛りを振った計算尺だ。棒をずらして計算するという、い

まから見れば極めて原始的な器械だ。物質のミクロ化が可能になった未来の博士が計算尺を使うと聞けば思わず笑ってしまうが、1966年の時点ではスマホはおろか電卓もまだ一般には普及しておらず、計算は計算尺で、というのが常識だった。

　計算尺の仕組みを知るためには対数関数を理解しなければならない。対数関数は指数関数の逆関数だ。つまり指数関数

　　　$y = a^x$

の x を主役にしたもので、対数——logarithm——の最初の3文字を取ってlogという記号を使う。

　　　$y = a^x \quad \Leftrightarrow \quad x = \log_a y$

ここで、y は a^x なので、当然 $y > 0$ になる。もちろん $a > 0$, $a \neq 1$ だ。

　ちょっと直感的にはわかりにくい関数だが、指数関数と対数関数はおなじものを別の視点で見たものなので、わけがわからなくなったら指数関数に戻って考えるといい。つまり、$x = \log_a y$ と $y = a^x$ は同じことを別なかたちで表現したに過ぎないので、$x = \log_a y$ というかたちで話を進めていって、わけがわからなくなったら $y = a^x$ のかたちに戻して考えてみればいい、ということだ。

　$\log_a y$ では具体的にどういうことを意味しているのかわからなくても、a^x であればそれが意味するところは一目瞭然であるはずだからだ。

　対数には指数法則に対応する計算法則がある。具体的な数字を使って計算法則を見ていくことにしよう。

　まず、

$$2^0 = 1 \quad \Leftrightarrow \quad 0 = \log_2 1$$
$$2^1 = 2 \quad \Leftrightarrow \quad 1 = \log_2 2$$

の関係からわかるとおり、一般的に

$$\log_a 1 = 0$$
$$\log_a a = 1$$

となる。
さらに

$$2^3 = 8 \qquad \qquad 2^5 = 32$$

から、

$$3 = \log_2 8 = \log_2 2^3 \qquad 5 = \log_2 32 = \log_2 2^5$$

となることからわかるように、

$$\log_a a^p = p$$

ここで、$32 \cdot 8$ を考える。

$$32 \cdot 8 = 2^5 \cdot 2^3 = 2^{5+3}$$

両辺対数を取ると、

$$\log_2(32 \cdot 8) = \log_2 2^{5+3} = 5 + 3 = \log_2 32 + \log_2 8$$

一般的に、

$$\log_a pq = \log_a p + \log_a q$$

かけ算が足し算になるのだ。

同様に、$\dfrac{32}{8}$ を考える。

$$\frac{32}{8} = \frac{2^5}{2^3} = 2^{5-3}$$

両辺対数を取ると、

$$\log_2 \frac{32}{8} = \log_2 2^{5-3} = 5 - 3 = \log_2 32 - \log_2 8$$

一般的に、

$$\log_a \frac{p}{q} = \log_a p - \log_a q$$

割り算は引き算になる。

最後に、$8 = 2^3$ の両辺を 5 乗してみよう。

$$8^5 = (2^3)^5 = 2^{3 \cdot 5}$$

両辺対数を取って、

$$\log_2 8^5 = \log_2 2^{3 \cdot 5} = 3 \cdot 5 = 5\log_2 8$$

一般的に

$$\log_a p^r = r\log_a p$$

p の指数 r が、log の前に飛び出してくるのだ。

整理しておこう。（p，$q > 0$）

$$\cdot \log_a 1 = 0$$

$$\cdot \log_a a = 1$$

$$\cdot \log_a pq = \log_a p + \log_a q$$

$$\cdot \log_a \frac{p}{q} = \log_a p - \log_a q$$

$$\cdot \log_a p^r = r \log_a p$$

指数法則とよく似た計算法則だ。

対数を用いて32・8を計算してみよう。

$$\log_2(32 \cdot 8) = \log_2 32 + \log_2 8 = 5 + 3 = 8 = \log_2 256$$

として、32・8が求まる。実際に計算したのは5＋3＝8という足し算だけだ。つまりかけ算が、5＋3という足し算に変わるのだ。

割り算は引き算に変わる。

この計算が特に威力を発揮するのは、平方根や立方根を求めるときだ。987の立方根を求めてみよう。

$$\log_{10} 987^{\frac{1}{3}} = \frac{1}{3} \log_{10} 978$$

$$= \frac{1}{3} \cdot 2.994317\cdots$$

$$= 0.9981057\cdots$$

$$= \log_{10} 9.956477\cdots$$

正解は9.956477…だが、なんと、立方根が $\frac{1}{3}$ をかける、つ

まり3で割るという計算で求まるのである。

　4乗根、5乗根、……も4で割る、5で割る、……で解決だ。

　筆算で立方根を求めるのがどれだけ大変か。それが3で割るだけで解決してしまうのだから、実に驚くべき計算法だ。

　ただし、この計算を行うためには、$\log_{10}987$などの値がわからなければならない。つまり、対数表が必要になる。

　対数を発見したのは、スコットランドのバロン、ジョン・ネイピア（1550〜1617）だ。ネイピアは対数の概念を発見すると、その重要性に気づき、20年という歳月をかけて対数表を完成させた。その労苦を思うと唖然とせざるを得ない。もちろんコンピュータなどは存在せず、すべて手計算でやりとげたのだ。わたしなら100年かけても完成させられなかっただろう。

　時は大航海時代、未熟な航海術のせいで多くの船乗りが海の藻屑と消えていた。そのため何よりも求められていたのが、精密な天文学であった。しかし天文学の発展に欠かせない、巨大な数の計算が天文学者を苦しめていた。そんなときに登場したのが、ネイピアの対数であり、対数表だった。

　あのラプラスをして、対数の発見は天文学者の寿命を倍に延ばした、と言わしめたほどだ。

　logarithmという言葉もネイピアの造語だ。logos（神の言葉）とギリシャ語のarithmos（数）をあわせたものだという。

　その後、物差しの目盛りを対数にした対数尺を組み合わせると、それをずらすだけで計算ができることが発見され、計算尺が発明された。

　映画『ミクロの決死圏』にあるとおり、つい半世紀前まで、計算尺は科学者に必須のアイテムだった。

いまはなくなっていると思うが、わたしが高校生だった頃、数学の教科書の後には対数表が掲載されていた。

電卓の普及により、対数表と計算尺はその歴史的使命を終えた。しかし対数は、今でも数学に欠かせない存在であり、これは未来の数学でも同じはずだ。

今まで黙っていたが、実は e はネイピア数と呼ばれている。ネイピアの遺稿に e に触れた部分があるらしいが、ネイピアが e を発見したわけでもなく、e に注目していた痕跡も残されていない。

しかし後世の人々はネイピアの功績を称えて、あえて e をネイピア数と命名したのである。

対数表は普通、10を底にして計算しているが、数学で対数を使う場合、e を底とする場合がほとんどだ。

対数表を使うことはなくなったが、微分積分では対数関数は欠かせない。その場合、普通は e を底にする。計算が楽だからだ。e を底とする対数を自然対数といい、記号で書くときは底を省略する。

つまり、

$$\log x$$

と書いてあればこれは自然対数で、底は e である。

4|5 e^xの微分

$y = e^x$ は連続になり、$\log x$ も自家薬籠中の物となった。

これで役者はそろった。

いよいよ e^x の微分だ。

関数 $y = f(x)$ で、x が $x + h$ と h だけ変化したとき、y は $f(x)$ か

ら$f(x+h)$へと変化する。xの増分は

$$x+h-x=h$$

であり、yの増分は

$$f(x+h)-f(x)$$

となる。

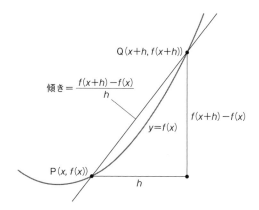

yの増分とxの増分の商

$$\frac{f(x+h)-f(x)}{h}$$

は、$f(x)$上の点$P(x,\ f(x))$と$Q(x+h,\ f(x+h))$を結ぶ直線
の傾きになる。

いま、図のようにhをどんどん小さくしていく。

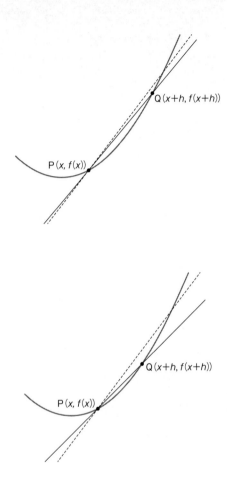

126

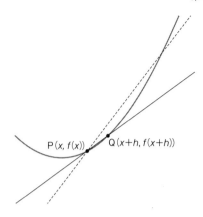

　hが0になると傾きの分母が0になってしまうので困った
ことになってしまうが、限りなく0に近づけていけば、この傾
きは$y=f(x)$のPにおける接線の傾きにどんどん近づいていく。

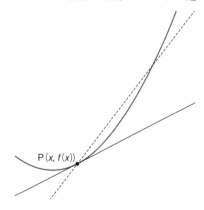

　この極限、つまり$x→0$となったときの傾きの極限を記号で次
のようにあらわす。

$$\frac{dy}{dx} \qquad \frac{d}{dx}f(x) \qquad f'(x)$$

これらの記号の意味する内容はすべて同じだ。

これが微分である。

1変数関数の場合は記号 ∇ を用いて、

$$\nabla f(x)$$

と書いても同じことになる。

つまり微分とは、$y=f(x)$ のグラフ上の点P(x, y)における接線の傾きと考えればよい。

また、$y=f(x)$ を、時間 x における点Pの位置と考えると、$\frac{y\text{の増分}}{x\text{の増分}}$ はその間の平均の速さをあらわし、微分は時間 x における瞬間の速さをあらわすことになる。

いずれにせよ、微分の定義は次のようになる。

$$\frac{d}{dx}f(x) = \lim_{h \to 0} \frac{f(x+h) - f(x)}{h}$$

この定義について、h が0になれば分母が0になって困るのではないか、またある瞬間に点Pの位置は変わらない、つまりその瞬間Pは動いていないのだから、瞬間の速さなど存在しない、という古代ギリシャ以来の反駁を持ち出す人がいるかもしれない。

これに対し、$\varepsilon - \delta$ 論法ならば、有限の範囲で厳密な推論を進めてその極限の存在を証明し、超準解析ならば無限小超実数は0ではないので分母に来ても何の問題もない、あるいは無限小超実数の時間内に無限小超実数だけ動いているので当然速さは存在する、と宣言する。

　このあたり、石器時代の環境に適応した脳には納得しがたい
ものがあるかもしれないが、21世紀の現代を生きるためにはあ
きらめて受け入れた方がシアワセになれるはずだ。

　$\dfrac{dy}{dx}$ についてすこし説明を付け加えておこう。

　もともとdx，dyは、$h \to 0$のときのxの増分、yの増分をあら
わしていた。当然両方とも無限小の量（無限小超実数）を意味
している。だから、

$$\frac{dy}{dx}$$

は、

$$\frac{0}{0}$$

を意味する、かなりアヤシイ記号なのである。そのため高校
数学では、これは分数ではない、と強弁している。$\varepsilon - \delta$論法
に従うなら、これを分数と認めるわけにはいかないからだ。

　しかし高校で微分積分の公式を学んでいくと、これをあたか
も普通の分数のようにあつかってもかまわないことに気がつく
はずだ。

　この記号をこしらえたライプニッツは、$\dfrac{dy}{dx}$ を無限小の量と

無限小の量の商と考えていた。

　無限小の量が否定されると同時に、この記号は分数ではな
い、とみなされるようになったが、超準解析によって無限小の
量が無限小超実数として復活すると、再び分数としての意味が
正当化されるようになったのである。

オイラーは指数関数 $y = a^x$ に対して、華麗なる式展開を実行し、例によって無限大の量や無限小の量をポコポコと代入したりしながらこれを微分し、比例定数が1になるときの a を定め、

2.71828 18284 59045 23536 028

という値が与えられる。この数値の一番最後の数字もまた
正しい。（前掲書）

と表明する。これを手計算で求めたのだから、気が遠くなるような計算だ。そして

表記を簡単にするために、この数2.71828 18284 59…をつ
ねに文字

e

を用いて表すことにしよう。（前掲書）

と宣言する。

ネイピア数に e という記号が付与された瞬間だ。

つまり、$y = a^x$ を微分しても形が変わらないときの a を求め、それを e と定めたのである。

どうして e という文字が選ばれたのかは謎だ。

オイラー（Euler）の頭文字をとった、と言う人もいるが、オイラーは自分の功績を弟子に譲ることもあったなど非常に謙虚な人だったのでそれはありえないと考える人が多い。

数学で文字を使うとき、a，b，c，dあたりを使うことが多いので、あまり利用されていない e を選んだのではないか、と

いうあたりが真相なのかもしれない。

　これ以後、e は各方面から注目されるようになる。

　オイラーは、場末のステージに立つ田舎役者だった e を、都の大劇場で脚光を浴びるスーパースターにしたのだ。

　$y = e^x$ の微分について、オイラーの華麗なわざを披露したい、という誘惑にもかられるが、少々難解でもあるので、ここは高校数学のようなオーソドックスなアプローチで我慢することにしよう。

　定石通り、定義にしたがって計算を進める。

$$\frac{d}{dx} e^x = \lim_{h \to 0} \frac{e^{x+h} - e^x}{h} = \lim_{h \to 0} \frac{e^x e^h - e^x}{h} = \lim_{h \to 0} \frac{e^x (e^h - 1)}{h}$$

e^x は h と関係ないので、lim の外に出せる。

$$\frac{d}{dx} e^x = e^x \lim_{h \to 0} \frac{e^h - 1}{h}$$

$\dfrac{e^h - 1}{h}$ の極限が問題となるが、このままではどうすればい

いか見当がつかない。ここで$e^h - 1$を t と置き換えるのが妙手

だ。$e^h - 1 = t$　と置く。$h \to 0$のとき、$t \to 0$。

$$e^h = 1 + t$$
$$\log e^h = \log(1 + t)$$
$$h = \log(1 + t)$$

これを問題となる部分に代入する。

$$\lim_{h \to 0} \frac{e^h - 1}{h} = \lim_{t \to 0} \frac{t}{\log(1 + t)} = \lim_{t \to 0} \frac{1}{\frac{1}{t}\log(1 + t)}$$

$$= \lim_{t \to 0} \frac{1}{\log(1 + t)^{\frac{1}{t}}}$$

e の定義式に似た式が出てきた。ここで$\dfrac{1}{t} = s$と置く。$t \to 0$

のとき$s \to \infty$。

$$\lim_{h \to 0} \frac{e^h - 1}{h} = \lim_{t \to 0} \frac{1}{\log(1 + t)^{\frac{1}{t}}} = \lim_{s \to \infty} \frac{1}{\log\left(1 + \frac{1}{s}\right)^{s}} = \frac{1}{\log e}$$

$$= \frac{1}{1} = 1$$

元の式に戻って、

$$\frac{d}{dx}e^x = e^x \lim_{h \to 0} \frac{e^h - 1}{h} = e^x \cdot 1 = e^x$$

これでめでたくe^xの微分が求まった。

前に述べたとおり、e^xの微分はe^xだ。

ついでに$y=\log x$の微分も求めておこう。

やはり定石通り定義から計算していくこともできるが、e^xの微分がわかっているのならそれを利用するのが簡単だ。

$\dfrac{dy}{dx}$ は、無限小超実数であるdyとdxの商と考えてもよい。だから次の定理が成り立つ。

$$\frac{dy}{dx} = \frac{1}{\dfrac{dx}{dy}}$$

これを利用する。

$$y = \log x$$

$$x = e^y$$

$$\frac{dx}{dy} = e^y$$

$$\frac{dy}{dx} = \frac{1}{\dfrac{dx}{dy}} = \frac{1}{e^y} = \frac{1}{x}$$

92ページのNOTE 3で述べたように、$\log x$の微分は $\dfrac{1}{x}$ だ。

4 | 6　巾級数展開

次に、e^xを巾級数に展開してみよう。

巾級数展開は、それが収束するかどうかの吟味がやっかいだが、収束することがわかっていれば、e^xのような関数の場合、

それを求める非常に簡単な方法がある。ここは、収束するかどうかなどうるさいことは言わず、その簡便法を使うことにしよう。

e^x の巾級数展開が収束するなら、次のような形になる。

$$e^x = a_0 + a_1 x + a_2 x^2 + a_3 x^3 + a_4 x^4 + \cdots$$

・$x = 0$ を代入する。

$$1 = a_0$$

・全体を微分する。e^x を微分しても変わらないことに注意。

$$e^x = a_1 + 2a_2 x + 3a_3 x^2 + 4a_4 x^3 + 5a_5 x^4 + \cdots$$

$x = 0$ を代入する。

$$1 = a_1$$

・これを繰り返す。つまり、さらに全体を微分し、$x = 0$ を代入する。

$$e^x = 2 \cdot 1 a_2 + 3 \cdot 2 a_3 x + 4 \cdot 3 a_4 x^2 + 5 \cdot 4 a_5 x^3 + 6 \cdot 5 a_6 x^4 + \cdots$$

$x = 0$ を代入する。

$$1 = 2 \cdot 1 a_2$$

$$a_2 = \frac{1}{2 \cdot 1}$$

・同様にして

$$e^x = 3 \cdot 2 \cdot 1 a_3 + 4 \cdot 3 \cdot 2 a_4 x + + 5 \cdot 4 \cdot 3 a_5 x^2 + 6 \cdot 5 \cdot 4 a_6 x^3$$
$$+ 7 \cdot 6 \cdot 5 a_7 x^4 + \cdots$$

$x = 0$ を代入する。

$$1 = 3 \cdot 2 \cdot 1 a_3$$

$$a_3 = \frac{1}{3 \cdot 2 \cdot 1}$$

・もう一度

$$e^x = 4 \cdot 3 \cdot 2 \cdot 1 a_4 + 5 \cdot 4 \cdot 3 \cdot 2 a_5 x + 6 \cdot 5 \cdot 4 \cdot 3 a_6 x^2$$
$$+ 7 \cdot 6 \cdot 5 \cdot 4 a_7 x^3 + 8 \cdot 7 \cdot 6 \cdot 5 a_8 x^4 + \cdots$$

$x = 0$ を代入する。

$$1 = 4 \cdot 3 \cdot 2 \cdot 1 a_4$$

$$a_4 = \frac{1}{4 \cdot 3 \cdot 2 \cdot 1}$$

$$\cdots$$

　結局、e^x を巾級数展開したときの係数の一般項は次のように
なる。

$$a_r = \frac{1}{r!}$$

　e^x の巾級数展開を書いておこう。

$$e^x = 1 + x + \frac{1}{2!} x^2 + \frac{1}{3!} x^3 + \frac{1}{4!} x^4 + \frac{1}{5!} x^5 + \cdots$$

これに$x=1$を代入すれば、先に求めたのと同じeの巾級数展開が出てくる。

この一般項を微分してみよう。

$$\frac{d}{dx}\frac{1}{r!}x^r = \frac{1}{r!}rx^{r-1} = \frac{1}{(r-1)!}x^{r-1}$$

ひとつ次数の低い項になる。このため、全体は変化しない。微分しても変化しないわけだ。

単位円（半径1の円）上の点P$(1,\ 0)$を出発して、円周上を反時計回りに動く点Qがある。

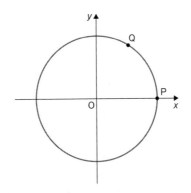

弧PQの長さをθとすると、Qの位置はθの関数となる。このとき、Qのx座標を$\cos\theta$、y座標を$\sin\theta$とする。

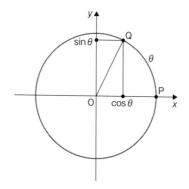

　このように$\cos\theta$，$\sin\theta$は円から生まれた関数だから当然円関数と呼ぶべきなのだが、歴史的に直角三角形の辺の比として発展してきたため、理不尽にも現在も三角関数と呼ばれている。

　それぞれの微分は次のようになる。

$$\frac{d}{d\theta}\cos\theta = -\sin\theta$$

$$\frac{d}{d\theta}\sin\theta = \cos\theta$$

e^xと同じようにして、$\cos\theta$，$\sin\theta$を巾級数に展開していこう。

　まずは$\cos\theta$から。

$$\cos\theta = a_0 + a_1\theta + a_2\theta^2 + a_3\theta^3 + a_4\theta^4 + \cdots$$

・$\theta = 0$を代入する。

$$1 = a_0$$

・微分して、$\theta = 0$を代入する。

$$-\sin\theta = a_1 + 2a_2\theta + 3a_3\theta^2 + 4a_4\theta^3 + 5a_5\theta^4 + \cdots$$
$$0 = a_1$$

・さらに微分して、$\theta = 0$を代入する。

$$-\cos\theta = 2\cdot1a_2 + 3\cdot2a_3\theta + 4\cdot3a_4\theta^2 + 5\cdot4a_5\theta^3$$
$$+ 6\cdot5a_6\theta^4 + \cdots$$
$$-1 = 2\cdot1a_2$$
$$a_2 = -\frac{1}{2\cdot1}$$

・さらに微分して、$\theta = 0$を代入する。

$$\sin\theta = 3\cdot2\cdot1a_3 + 4\cdot3\cdot2a_4\theta + 5\cdot4\cdot3a_5\theta^2 + 6\cdot5\cdot4a_6\theta^3$$
$$+ 7\cdot6\cdot5a_7\theta^4 + \cdots$$
$$0 = 3\cdot2\cdot1a_3$$
$$a_3 = 0$$

・さらに微分して、$\theta = 0$を代入する。

$$\cos\theta = 4\cdot3\cdot2\cdot1a_4 + 5\cdot4\cdot3\cdot2a_5\theta + 6\cdot5\cdot4\cdot3a_6\theta^2$$
$$+ 7\cdot6\cdot5\cdot4a_7\theta^3 + 8\cdot7\cdot6\cdot5a_8\theta^4 + \cdots$$
$$1 = 4\cdot3\cdot2\cdot1a_4$$
$$a_4 = \frac{1}{4\cdot3\cdot2\cdot1}$$

…

あとはこの繰り返しになる。したがって、

$$\cos\theta = 1 - \frac{1}{2!}\theta^2 + \frac{1}{4!}\theta^4 - \frac{1}{6!}\theta^6 + \frac{1}{8!}\theta^8 - \cdots$$

次は$\sin\theta$の巾級数展開だ。

$$\sin\theta = a_0 + a_1\theta + a_2\theta^2 + a_3\theta^3 + a_4\theta^4 + \cdots$$

・$\theta = 0$を代入する。

$$0 = a_0$$

・微分して、$\theta = 0$を代入する。

$$\cos\theta = a_1 + 2a_2\theta + 3a_3\theta^2 + 4a_4\theta^3 + 5a_5\theta^4 + \cdots$$
$$1 = a_1$$

・さらに微分して、$\theta = 0$を代入する。

$$-\sin\theta = 2\cdot1a_2 + 3\cdot2a_3\theta + 4\cdot3a_4\theta^2 + 5\cdot4a_5\theta^3$$
$$+ 6\cdot5a_6\theta^4 + \cdots$$
$$0 = 2\cdot1a_2$$
$$a_2 = 0$$

・さらに微分して、$\theta = 0$を代入する。

$$-\cos\theta = 3\cdot2\cdot1a_3 + 4\cdot3\cdot2a_4\theta + 5\cdot4\cdot3a_5\theta^2$$
$$+ 6\cdot5\cdot4a_6\theta^3 + 7\cdot6\cdot5a_7\theta^4 + \cdots$$
$$-1 = 3\cdot2\cdot1a_3$$

$$a_3 = -\frac{1}{3 \cdot 2 \cdot 1}$$

・さらに微分して、$\theta = 0$を代入する。

$$\sin \theta = 4 \cdot 3 \cdot 2 \cdot 1 a_4 + 5 \cdot 4 \cdot 3 \cdot 2 a_5 \theta + 6 \cdot 5 \cdot 4 \cdot 3 a_6 \theta^2$$
$$+ 7 \cdot 6 \cdot 5 \cdot 4 a_7 \theta^3 + 8 \cdot 7 \cdot 6 \cdot 5 a_8 \theta^4 + \cdots$$
$$0 = 4 \cdot 3 \cdot 2 \cdot 1 a_4$$
$$a_4 = 0$$
$$\cdots$$

あとはこの繰り返しになる。したがって、

$$\sin \theta = \theta - \frac{1}{3!} \theta^3 + \frac{1}{5!} \theta^5 - \frac{1}{7!} \theta^7 + \frac{1}{9!} \theta^9 - \cdots$$

次のように x の巾乗の有限の和であらわされる方程式を代数方程式という。

$$a_n x^n + a_{n-1} x^{n-1} + \cdots + a_2 x^2 + a_1 x + a_0 = 0$$

同様に、次のように x の巾乗の有限の和であらわされる関数が多項式関数だ。

$$y = a_n x^n + a_{n-1} x^{n-1} + \cdots + a_2 x^2 + a_1 x + a_0$$

多項式関数の有理式であらわされる関数を代数関数という。つまり、x の「たす、ひく、かける、わる」で表現できる関数が代数関数というわけだ。

前述したが、代数関数であらわすことのできない関数を超越関数という。

$y = e^x$ は巾級数であらわすと無限級数となるので、代数関数

ではなく超越関数だ。

$y = e^x$，$y = \log x$，$y = \cos x$，$y = \sin x$ と、高校で学ぶ4つの超越関数がここに勢揃いした。

数学のテストで泣かされた身には悪の四天王のように見えた時期もあったが、昨日の敵は今日の友、試験も何にもない！という生活を送るようになってからはすっかり仲直りし、今は楽しくつきあっている。

かつての悪の四天王の勇姿を掲げておこう。

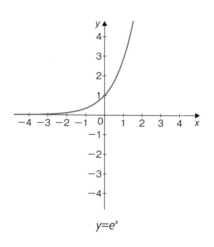

$y = e^x$

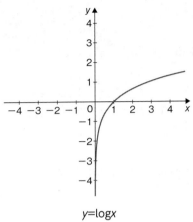

$y = \log x$

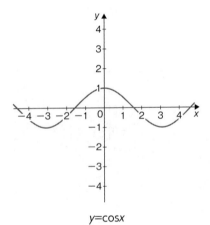

$y = \cos x$

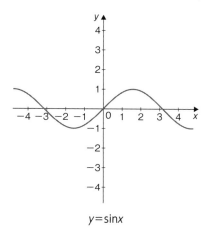

$$y = \sin x$$

　場末の飲み屋で飲んだくれ、髀肉の嘆をかこっていた e は、オイラーに見出され、微分してもその姿が変化しない唯一の関数 $y = e^x$ として生まれ変わり、押しも押されもせぬ数学界の寵児となった。

　次の章では、e の奥に隠されたさらに不思議な世界を案内していこうと考えている。

第 **5** 章

この世では見えない愛の絆

5│1　サイン、コサインとシャイン、コッシュ

懸垂線

この図は、紐や鎖などの両端をつかんで自然に垂らしたときにできる曲線、懸垂線（カテナリー曲線）だ。

　長い間、この曲線の正体についてさまざまな議論が交わされてきた。ガリレオ（1564〜1642）などは、これが放物線であると確信していたらしい。この曲線の正体を明かすことが焦眉の課題となっていた17世紀末、ヤコブ・ベルヌイはこれが放物線であることを証明しようとして心血を注いでいたという。

　その後ヤコブの弟のヨハン・ベルヌイ（1667〜1748）やライプニッツらが、さまざまな困難を克服して、やっとのことでその正体を暴いた。

$$y = a\left(\frac{e^{\frac{x}{a}} + \frac{1}{e^{\frac{x}{a}}}}{2}\right) = a\left(\frac{e^{\frac{x}{a}} + e^{-\frac{x}{a}}}{2}\right)$$

驚くべきことに、懸垂線の方程式に e があらわれたのである。比例定数 $a = 1$ の時、懸垂線の方程式は次のようになる。

$$y = \frac{e^x + e^{-x}}{2}$$

これを巾級数に展開してみよう。

$$y = \frac{e^x + e^{-x}}{2}$$

$$= \frac{\left(1 + x + \frac{1}{2!}x^2 + \frac{1}{3!}x^3 + \frac{1}{4!}x^4 + \cdots\right) + \left(1 - x + \frac{1}{2!}x^2 - \frac{1}{3!}x^3 + \frac{1}{4!}x^4 - \cdots\right)}{2}$$

$$= \frac{2\left(1 + \frac{1}{2!}x^2 + \frac{1}{4!}x^4 + \cdots\right)}{2}$$

$$= 1 + \frac{1}{2}x^2 + \frac{1}{4!}x^4 + \cdots$$

確かに第2項までは放物線と一致する。特に $-1 \leqq x \leqq 1$ では

第3項以後の項は急速に小さくなるので、そのグラフを肉眼で区別するのはほとんど不可能だ。

$$y=\frac{e^x+e^{-x}}{2} \ \text{と} \ y=1+\frac{1}{2}x^2$$

　折しも $y=e^x$ は微分によっても形が変わらない関数として脚光を浴び、微分積分の世界で大活躍していた。

　研究を進めていくと、$y=e^x$ の仲間であるこの関数も非常に有用であることが明らかになっていった。

　とりわけ、媒介変数 t を用いて、

$$x=\frac{e^t+e^{-t}}{2}$$

$$y=\frac{e^t-e^{-t}}{2}$$

と置くと、おもしろい関係が姿をあらわした。

　ここで突然、媒介変数などを持ち出して面食らった方もいるかもしれない。まずは媒介変数について少々解説していこう。

　いま水平方向に5m/秒、垂直方向に5m/秒で砲弾を撃ち出したとしよう。つまり5$\sqrt{2}$ m/秒の速さで、45°の角度で砲弾を撃

ち出すのである。重力加速度を10m/秒²とすると、砲弾は

$$y = x - \frac{1}{5}x^2$$

という軌跡を描いて飛んでいく。
グラフも描いてみよう。

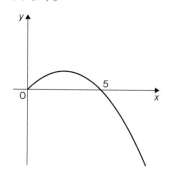

さて、このグラフを別の角度から眺めてみよう。

x 軸方向に5m/秒の速さで撃ち出したので、t 秒後の x 座標は次のようになる。

$$x = 5t$$

また y 軸方向に5m/秒の速さで撃ち出したので、t 秒後の y 座標は重力加速度の影響を受けて次のようにあらわされる。

$$y = 5t - 5t^2$$

ここに出てきた式を並べてみよう。

$$y = x - \frac{1}{5}x^2 \quad \cdots ① \qquad \begin{cases} x = 5t \\ y = 5t - 5t^2 \end{cases} \quad \cdots ②$$

①は砲弾の軌跡を表現し、②は砲弾の t 秒後の x 座標、y 座標をあらわしている。

②の方程式で $y=0$ と置くと、$t=0$,　1となる。つまり0秒後に砲弾は発射され、１秒後に地面に激突する、というわけだ。

$t=1$ のとき、$x=5$ なので、砲弾は5m先の地表面に命中する。実際にグラフを確認すれば、$(5, 0)$ の点でグラフは x 軸と交わっている。

どちらも同じ現象をあらわしているのだ。②のふたつの式から t を消去すると①の式が出てくる。

このように、x と y の関係式に対して、その式に出てこない別の変数を用いて x と y それぞれを表現することを、媒介変数による表示と言っている。

この場合、砲弾の軌跡という物理現象を、t 秒後という媒介変数を用いて表現したということになる。

物理現象などの場合は t 秒後などの具体的な意味を付与して考えるが、抽象を旨とする数学では、具体的な意味などは捨象し、純粋に媒介変数表示を考えたりする。

この場合も、懸垂線の

$$y = \frac{e^x + e^{-x}}{2}$$

という式の形を見て、物好きな数学者たちが、

$$x = \frac{e^t + e^{-t}}{2}$$

$$y = \frac{e^t - e^{-t}}{2}$$

という媒介変数表示を考えたら何か楽しいことが起こるのではないか、と思ったのがことのはじまりだ。この場合、t とは

何か、などを気にする必要はない。何か意味を付与しなければ落ち着かない、という方は、t 秒後の x 座標、y 座標だ、とでも思っておけばいいだろう。

　まずこの媒介変数表示をもとに、$x^2 - y^2$ を計算してみよう。

$$x^2 - y^2 = \left(\frac{e^t + e^{-t}}{2}\right)^2 - \left(\frac{e^t - e^{-t}}{2}\right)^2$$

$$= \frac{e^{2t} + 2 + e^{-2t} - (e^{2t} - 2 + e^{-2t})}{4} = \frac{4}{4} = 1$$

媒介変数 t が消えて、$x^2 - y^2 = 1$ というシンプルな式になるのだ。

　これは $y = \pm x$ を漸近線とする双曲線となる。反比例のグラフ $y = \frac{1}{x}$ を時計回りに45°回転させたグラフだ。

　そこで、単位円 $x^2 + y^2 = 1$ 上の点の x 座標、y 座標を $\cos\theta$、$\sin\theta$ と置いたように、双曲線 $x^2 - y^2 = 1$ 上の点の x 座標、y 座標を $\cosh\theta$、$\sinh\theta$ と置き、それぞれハイパボリックコサイン、ハイパボリックサインと呼ぶようになった。

　ハイパボリック（hyperbolic）はhyperbola（双曲線）の形容詞形だ。それぞれかなり長たらしい名前なので、会話のときにはcoshをコッシュ、sinhをシャインと呼んだりしている。

　また $\cosh\theta$ と $\sinh\theta$ は双曲線をもとにして定義されているので、双曲線関数と呼ばれている。

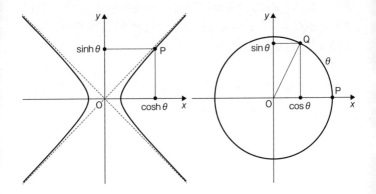

　$\cosh\theta$ と $\sinh\theta$ は双曲線 $x^2-y^2=1$ 上の点の x 座標と y 座標だ。

　双曲線 $x^2-y^2=1$ 上の点の x 座標と y 座標は、最初に述べたように媒介変数 t を用いて次のようにあらわされる。

$$x=\frac{e^t+e^{-t}}{2}$$

$$y=\frac{e^t-e^{-t}}{2}$$

　したがって $\cosh\theta$ と $\sinh\theta$ も θ を用いて次のようにあらわされる。

$$\cosh\theta=\frac{e^\theta+e^{-\theta}}{2}$$

$$\sinh\theta=\frac{e^\theta-e^{-\theta}}{2}$$

　$\cosh\theta$ と $\sinh\theta$ は e^x の仲間だけあって、微分積分で大活躍する。

　また双曲線関数と三角関数（21世紀にもなっていまだに三角
関数と呼ぶのはアナクロニズムの極致ではないか。そろそろ円
関数と改名すべきだと思うのだが……）の関係からも類推でき
るとおり、$\cos\theta$，$\sin\theta$ と非常によく似た性質を持っている。
　三角関数と双曲線関数を比較していこう。
　まず、定義から明らかなように、

$$\cos^2 x + \sin^2 x = 1$$
$$\cosh^2 x - \sinh^2 x = 1$$

次に、$\theta = 0$ を代入してみよう。

$$\cos 0 = 1$$
$$\cosh 0 = \frac{e^0 + e^0}{2} = \frac{1+1}{2} = 1$$
$$\sin 0 = 0$$
$$\sinh 0 = \frac{e^0 - e^0}{2} = \frac{1-1}{2} = 0$$

今度は θ を $-\theta$ にしてみる。

$$\cos(-\theta) = \cos\theta$$
$$\cosh(-\theta) = \frac{e^{-\theta} + e^{-(-\theta)}}{2} = \frac{e^{-\theta} + e^{\theta}}{2} = \cosh\theta$$
$$\sin(-\theta) = -\sin\theta$$
$$\sinh(-\theta) = \frac{e^{-\theta} - e^{-(-\theta)}}{2} = \frac{e^{-\theta} - e^{\theta}}{2} = -\sinh\theta$$

加法定理より（155ページのNOTE 5参照）

$$\cos(x+y) = \cos x \cos y - \sin x \sin y$$
$$\cosh(x+y) = \cosh x \cosh y + \sinh x \sinh y$$
$$\sin(x+y) = \sin x \cos y + \cos x \sin y$$
$$\sinh(x+y) = \sinh x \cosh y + \cosh x \sinh y$$

次は微分をしてみよう。

$$\frac{d}{dx}(\cos x) = -\sin x$$

$$\frac{d}{dx}\cosh x = \frac{d}{dx}\left(\frac{e^x + e^{-x}}{2}\right) = \frac{d}{dx}\left(\frac{1}{2}e^x + \frac{1}{2}e^{-x}\right)$$

$$= \frac{1}{2}e^x - \frac{1}{2}e^{-x} = \sinh x$$

$$\frac{d}{dx}(\sin x) = \cos x$$

$$\frac{d}{dx}\sinh x = \frac{d}{dx}\left(\frac{e^x - e^{-x}}{2}\right) = \frac{d}{dx}\left(\frac{1}{2}e^x - \frac{1}{2}e^{-x}\right)$$

$$= \frac{1}{2}e^x + \frac{1}{2}e^{-x} = \cosh x$$

三角関数の場合、$\cos\theta$、$\sin\theta$ の θ は、次ページの図では円弧TPの長さを意味している。あるいは同じことだが、TOPの角度と考えてもよい。

しかし双曲線関数の$\cosh\theta$、$\sinh\theta$ の θ は図形的には何を意味しているのだろうか。三角関数のように角度というようには考えられない。

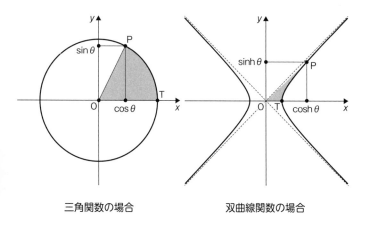

三角関数の場合　　　　　双曲線関数の場合

　双曲線関数の場合、図のグレーの部分、OTPで囲まれる図形の面積の2倍がθなのである（157ページのNOTE 6参照）。

　三角関数の場合、円の面積が$1^2\pi = \pi$なので、扇形TOPの面積は

$$\pi \cdot \frac{\theta}{2\pi} = \frac{\theta}{2}$$

と$\frac{\theta}{2}$である。つまり図のグレーの部分、TOPで囲まれる図形の面積の2倍がθで、双曲線関数と同じになる。

　このように、三角関数と双曲線関数は非常によく似ている。しかしグラフを見れば、驚くはずだ。

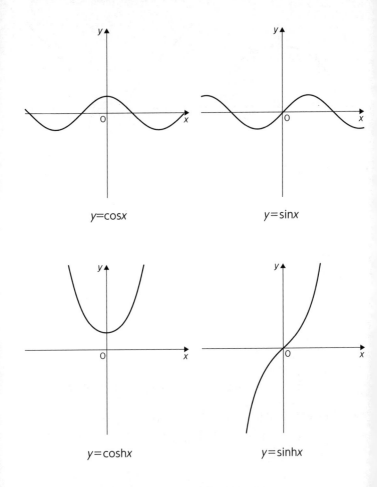

$y=\cos x$

$y=\sin x$

$y=\cosh x$

$y=\sinh x$

　三角関数は周期関数だが、双曲線関数に繰り返しはあらわれない。このグラフを見れば、まったく関連性のない関数のように見える。

それがこれほど似ているというのは実に驚くべきことだ。その奥に、いったいどのような秘密が隠されているのだろうか。

NOTE 5

双曲線関数の加法定理

$\cosh(x+y)$ から見ていく。

まず、

$$\cosh(x+y) = \frac{e^{(x+y)} + e^{-(x+y)}}{2} = \frac{e^x e^y + e^{-x} e^{-y}}{2}$$

また、

$$\cosh x \cosh y + \sinh x \sinh y$$

$$= \frac{e^x + e^{-x}}{2} \cdot \frac{e^y + e^{-y}}{2} + \frac{e^x - e^{-x}}{2} \cdot \frac{e^y - e^{-y}}{2}$$

$$= \frac{e^x e^y + e^x e^{-y} + e^{-x} e^y + e^{-x} e^{-y}}{4} + \frac{e^x e^y - e^x e^{-y} - e^{-x} e^y + e^{-x} e^{-y}}{4}$$

$$= \frac{2e^x e^y + 2e^{-x} e^{-y}}{4}$$

$$= \frac{e^x e^y + e^{-x} e^{-y}}{2}$$

したがって、

$$\cosh(x+y) = \cosh x \cosh y + \sinh x \sinh y$$

同様にして、

$$\cosh(x - y) = \cosh x \cosh y - \sinh x \sinh y$$

次に $\sinh(x + y)$ を見ていこう。

$$\sinh(x + y) = \frac{e^{(x+y)} - e^{-(x+y)}}{2} = \frac{e^x e^y - e^{-x} e^{-y}}{2}$$

また、

$$\sinh x \cosh y + \cosh x \sinh y$$

$$= \frac{e^x - e^{-x}}{2} \cdot \frac{e^y + e^{-y}}{2} + \frac{e^x + e^{-x}}{2} \cdot \frac{e^y - e^{-y}}{2}$$

$$= \frac{e^x e^y + e^x e^{-y} - e^{-x} e^y - e^{-x} e^{-y}}{4} + \frac{e^x e^y - e^x e^{-y} + e^{-x} e^y - e^{-x} e^{-y}}{4}$$

$$= \frac{2e^x e^y - 2e^{-x} e^{-y}}{4}$$

$$= \frac{e^x e^y - e^{-x} e^{-y}}{2}$$

したがって

$$\sinh(x + y) = \sinh x \cosh y + \cosh x \sinh y$$

同様にして、

$$\sinh(x - y) = \sinh x \cosh y - \cosh x \sinh y$$

NOTE 6

双曲線関数$\cosh\theta$, $\sinh\theta$のθの図形的な意味について

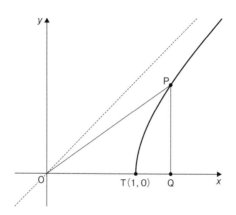

　ここでは、$\cosh x$と$\sinh x$の2倍角の定理を使う。

・$\cosh x$の2倍角定理

$$\cosh(x+y)=\cosh x\cosh y+\sinh x\sinh y \quad \text{より}$$
$$\cosh 2x=\cosh^2 x+\sinh^2 x=2\cosh^2 x-1=2\sinh^2 x+1$$

・$\sinh x$の2倍角定理

$$\sinh(x+y)=\sinh x\cosh y+\cosh x\sinh y \quad \text{より}$$
$$\sinh 2x=2\sinh x\cosh x$$

　θを媒介変数と考えた場合、曲線の式は、

$x = \cosh \theta, \quad y = \sinh \theta$

θ を消去すると x と y の関係式が出てくる。

$x^2 - y^2 = 1 \qquad\quad x, \ y \geqq 0$

$y = \sqrt{x^2 - 1}$

となる。

図で、$\triangle$OQPの面積をS_1とし、P$(\cosh \theta, \ \sinh \theta)$と置く。

$$S_1 = \frac{1}{2} \cosh \theta \cdot \sinh \theta = \frac{1}{4} \sinh 2\theta$$

またTQPで囲まれた図形の面積をS_2とする。

$$S_2 = \int_1^{\cosh \theta} y\,dx = \int_1^{\cosh \theta} \sqrt{x^2 - 1}\,dx \quad \cdots ①$$

ここで、$x = \cosh \phi$ に変換すると、$x = 1$ のとき $\phi = 0$、$x = \cosh \theta$ のとき $\phi = \theta$ で、

$$\frac{dx}{d\phi} = \sinh \phi \quad \rightarrow \quad dx = \sinh \phi\,d\phi$$

また

$$\sqrt{x^2 - 1} = \sqrt{\cosh^2 \phi - 1} = \sqrt{\sinh^2 \phi} = \sinh \phi$$
$$\because \cosh^2 \phi - \sinh^2 \phi = 1, \ \sinh \phi \geqq 0$$

①にこれらを代入し、2倍角定理を用いて変形していく。

$$S_2 = \int_0^{\theta} \sinh^2 \phi\,d\phi$$

$$= \int_0^\theta \frac{\cosh 2\phi - 1}{2} \, d\phi$$

$$= \frac{1}{2} \int_0^\theta (\cosh 2\phi - 1) \, d\phi$$

$$= \frac{1}{2} \left[\frac{\sinh 2\phi}{2} - \phi \right]_0^\theta$$

$$= \frac{\sinh 2\theta}{4} - \frac{\theta}{2}$$

したがって、OTPで囲まれた図形の面積 S は、

$$S = S_1 - S_2 = \frac{\sinh 2\theta}{4} - \left(\frac{\sinh 2\theta}{4} - \frac{\theta}{2} \right) = \frac{\theta}{2}$$

5│2　オイラーの公式

　オイラーによって見出された e^x は、微分によって変化しないという特技が注目され、一躍脚光を浴びる存在となった。

　しかしその程度の成功に安住する e^x ではなかった。e^x はあらたなクエストを求め、冒険の旅に出るのである。

　e^x が足を踏み入れたのは、複素数の空間だった。

　ちょっと待ってくれ、i の存在だって疑わしいのに、e^i みたいなものを考えるというのか、いくらなんでもそれはないだろう、という非難の声がわき上がってきそうだ。

　公理主義をかかげた数学者は真の自由を獲得したとこれまで何度も強調してきた。絶対自由主義者となった数学者を前にして e^i ぐらいで騒ぐな、と言いたいところだが、ここではさらに過激な議論を展開してみようかと思う。

『荘子』斉物論篇に次のような一節がある。

　　毛嬙、麗姫は人の美とする所なり。魚は之を見て深く入
　　り、鳥は之を見て高く飛び、麋鹿は之を見て決驟す。
　　もうしょう りき　　　　　　　　　　　　　　　　　しか　　　　　　　けっしゅう

　毛嬙、麗姫は古から語り伝えられてきた伝説の美女だ。人間
の男ならそのような美女がいれば引き寄せられるかもしれない
が、魚や鳥や鹿にとっては美女であるかどうかなど関係ない。
人が近づけば魚は水の底に潜っていき、鳥は空高く飛び、鹿は
必死になって駆けて逃げる。
　美女という、人間界では非常に高く評価される存在も、魚や
鳥や鹿にとっては恐ろしいモンスターと変わらないのだ。
　これに対して、沈魚落雁というような言葉もある。川辺で洗
濯をする西施を見かけた魚があまりの美しさに見とれてヒレを
動かすのを忘れ川底に沈み、王昭君の奏でる琵琶に魅惑された
雁が翼を動かすことを忘れて落ちてしまった、という話から、
美女を表現する熟語となった言葉だ。しかしわたしにはここ
に、人間中心主義のいやらしさしか感じられない。
　どうも人間という存在は、人間が世界の中心であるというよ
うなおごりたかぶった考えからなかなか自由になれないらし
い。進化について考えるときでも、生物が人間に進化したのが
必然だと考えたり、人間を万物の霊長だなどと言ってみたりす
る。人間の感覚や価値観は人間にしか通用しないものだという
ことを忘れがちだ。キングコングが美女に惚れてしまう物語
も、おもしろいと思うより前に鼻白んでしまう。
　普通、ヒトは2とか3とかの数が実在しているように思って
いる。しかしこれは錯覚に過ぎない。

　ヒトが目にしている現実は、実際に存在している電磁波のごくごく一部である可視光線を感知した情報をヒトの脳が再構成したもので、現実そのものではないと前に書いた。同じようにヒトが2や3を当然のものとして考えることができるのは、ヒトの脳が普遍的な言語機能を備えているように、普遍的な数学機能を内実化しているからだ。

　そうでないと思うのなら、魚や鳥や鹿に2＋3＝5を理解させるべく努力してみればいい。そこには絶望しかないはずだ。

　脳が、2＋3＝5を理解するまでの距離は、2＋3＝5を理解した脳が微分積分を理解するまでの距離とは比べものにならないほど遠い。

　2＋3＝5を理解した子供が微分積分を理解するまでには数年しかかからないが、魚や鳥や鹿の脳に2＋3＝5を理解させるためには、数億年をかけて進化するのを待つしかない。

　そのようにして数億年待ったところで、ヒトの脳のような脳に進化する確率は限りなく0に近いのかもしれない。

　数学を理解する上で一番大きな障壁は、2＋3＝5を理解する直前にある。その障壁を越えたなら、微分積分までは一瀉千里だ。

　だから2＋3＝5が理解できるのなら、文句を言わずにオイラーにつきあうべきなのである。

　eを従えたオイラーは、無限小数や無限大数という無敵を誇る武器を手に、未踏の荒野、複素数の空間へと足を踏み入れる。

　それが、風車に向かってランスを構え愛馬ロシナンテに鞭を打つドン・キホーテの突撃となるか、「自ら反みて縮くんば

千万人と 雖 も吾往かん」（孟子）という君子の進撃となるか
は、見てのお楽しみ。

　オイラーは例によって、あっと驚く華麗なる式変形を披露
し、まずは e^{ix} がどうなるかを示す。

　しかしここでオイラーの手法をそのまま紹介するのは読者を
困惑させるだけだろうから、結論を急ぐことにしよう。

　結論だけを述べるのなら、別に難しくはない。まずは135ペ
ージで求めた e^x の巾級数展開を持ってくる。

$$e^x = 1 + x + \frac{1}{2!}x^2 + \frac{1}{3!}x^3 + \frac{1}{4!}x^4 + \frac{1}{5!}x^5 + \cdots$$

この x に ix を代入する。

$$e^{ix} = 1 + (ix) + \frac{1}{2!}(ix)^2 + \frac{1}{3!}(ix)^3 + \frac{1}{4!}(ix)^4 + \frac{1}{5!}(ix)^5 + \cdots$$

$$e^{ix} = 1 + ix - \frac{1}{2!}x^2 - \frac{1}{3!}ix^3 + \frac{1}{4!}x^4 + \frac{1}{5!}ix^5 + \cdots$$

実数の項と i を含む項が交互にあらわれる。そこで、実数の項と i を含む項をまとめる。無限級数の場合、項の足し算、引き算の順番を変えると変なことが起こることがあるのだが、この場合は幸い、何も起こらない。

$$e^{ix} = 1 - \frac{1}{2!}x^2 + \frac{1}{4!}x^4 - \cdots + i\left(x - \frac{1}{3!}x^3 + \frac{1}{5!}x^5 - \cdots\right)$$

この実数の部分が、前に求めた $\cos x$ の巾級数展開と同じであり、i を含む項の部分が $\sin x$ の巾級数展開と同じだということに気づくはずだ。だからそれを代入する。

$$e^{ix} = \cos x + i\sin x$$

これがかの有名なオイラーの公式だ。

オイラーは、多産という意味ではおそらく人類史上一、二を争う数学者なので、「オイラーの公式」と名付けられた公式は数多あるが、そのうちもっとも有名な公式がこれであり、何の但し書きもなくオイラーの公式と言えば普通、この公式のことを意味している。

この公式を導く過程は平明で、神秘的なところなどどこにもない。すんなりと理解できたはずだ。

しかしその結果は驚くべきものだ。

なんと、指数関数と三角関数が等号で結ばれているのである。

指数関数は、第1章で述べたように、ヒトの常識を超える速さで爆発的に増加していく。グラフを書けば、どんどん上へ伸びていき、あっという間に視界の彼方へ消えていってしまう。

それに反して三角関数は周期関数だ。

いつまでたっても同じ変化を繰り返す。

また指数関数は、同じものをかけるという代数的な操作によって生まれた関数だ。

しかし円から生まれた三角関数は、幾何の操作によって生まれた。

このように、生まれも育ちもまったく異なる指数関数と三角関数が、＝という記号で結ばれる、つまり等しいという結論に達したのだ。

これは実に驚天動地のできごとであろう。

数学の醍醐味は、このようにまったく関係ないと思っていた事柄に実は深いつながりがあったことを発見した瞬間にある。

まさに、遠く離れたところでそれぞれ大きく成長した巨木が、地下の深いところでつながっていたことを発見した瞬間の喜びだ。

数学の歴史では、このような大発見が幾度も繰り返されてきたが、その中でもこの公式は、特筆に値する大発見だといえよう。

とはいえ、大発見だと大騒ぎしているがどうも納得がいかない、何かだまされているような気分だ、という方もいるかもしれない。

朝永振一郎（1906～1979）は1965年にジュリアン・シュウィンガー（1918～1994）、リチャード・ファインマン（1918～1988）と共同でノーベル物理学賞を受賞した物理学者だが、この大天才にしても、オイラーの公式にはじめて出会ったときはとまどいを禁じえなかったという。

そのあたりのことを本人が記したエッセーを紹介しよう。

　　幾何学的に定義された三角関数というものが、指数関数という解析的なものと結びつくということは何とも驚異であったが、それだけにまたその意味が理解できない。証明はベキ級数を使ってやればいかにも簡単明りょう疑う余地はないが、何かごまかされたみたいで、あと味が悪い。ところが、やはり中学生より大きくなっていたので、そのあと味悪さの原因がどこにあるかに気がついた。どう気がついたかというと、この定理が出てくる前に、数の虚数ベキの定義がやってないという点である。ベキの定義はまず正の整数ベキから出発し、次に負数ベキが逆数と関係させて定義され、次に分数ベキが平方根とか立方根とかに関係させて定義されている。ここまでは中学校で教えられた。さらに進んで無理数ベキは極限概念として微分学で習っている。ところが虚数ベキの定義になると、まだどこでも習ったことはない。その習っていないものがいきなり式の左辺に出現したのだから理解できないのは当然である。そういうことに気がついた。こう気がつくと、この定理の意味は一目りょう然となった。つまり、これはむしろ虚数ベキの定義そのものなのであると。やはり高校生になると中学生のときとちがって、もやもやとわからないといっていないで、なぜわからないか、どこがわからない原因かと、つきとめることができたのであろうか。（『科学者の自由な楽園』岩波文庫、2000年）

　つまり、どうしてこの公式が正しいと言えるのか、などとい

うことを悩むのではなく、この公式を虚数巾乗の定義であると考えるべきだ、というのだ。どうして？　と問うのではなく、定義であるならば、それがwell definedであるかを検討し、矛盾がないのならば受け入れなければならない。

それが現代数学の、公理主義の立場だ。

石器時代の環境に適応した脳にはつらいことかもしれないが、現代数学はここまで来てしまったのだ。

無駄な抵抗はあきらめて、受け入れたほうが身のためだ。

5│3　加法定理、そしてド・モアブルの定理

$y = e^x$ を複素数に拡張しよう。つまり、$y = e^x$ は実数 x から実数 y への関数だったが、これを複素数 z から複素数 w への関数へと拡張するのだ。

$$w = e^z$$

ここで、z を次のように定める。

$$z = a + bi \qquad a,\ b は実数$$

これをもとの式に代入しよう。

$$
\begin{aligned}
w &= e^{a+bi} \\
&= e^a \cdot e^{bi} \\
&= e^a(\cos b + i \sin b)
\end{aligned}
$$

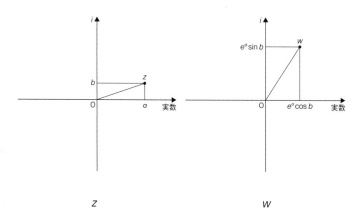

z w

z平面上にある(a, b)の、w平面上に存在する$(e^a\cos b,$ $e^a\sin b)$への写像ということはわかるのだが、この次が難しい。

これがどのような写像なのか把握するため、これまでと同じようにグラフを描こうにも描けないのだ。

z平面は2次元であり、w平面も2次元なので、その全体を描くには4次元空間が必要になるからだ。

そこでよく使われるのが、zの範囲を制限して、そのときwがどう振る舞うのかを観察する、という手法だが、これがなかなかうまくいかない。

たとえば$z = a + bi$で$a = 0$の場合を考えていこう。

bが0からどんどん大きくなっていくと考える。するとzは、虚数軸を果てしなく上に登っていく。

そのときwはどう振る舞うのか。

$$w = e^0(\cos b + i\sin b) = \cos b + i\sin b$$

w は単位円上を、$(1, 0)$ から出発して反時計回りにグルグル回る。z が虚数軸上をどんどん登っていき、はるか彼方まで進んでいったとしても、w は単位円上をぐるぐるまわっているのだ。

　これはわたしの想像力を超えている。これではまるで、お釈迦様の掌の上で暴れている孫悟空ではないか。

　z が連続的に動くとき、それに対応する w の軌跡は連続したある図形を描くはずなのだが、4次元空間に浮かぶその軌跡は見えてこない。

　さらに、この w を分析するためには、関数を微分しなければならないのだが、$z \to z_0$ の極限を考えるとき、どの方向から z_0 に近づいていくのか悩まなければならない。

　実数→実数の写像ならば、近傍から近づいていく方法は、右から行くか左から行くかのふたつしかないから、検討することも可能だ。しかし複素数→複素数の写像の場合、360°どの方向からも近づくことが可能なので、そのすべてが等しいことを確かめなければならないことになる。

　もちろん複素解析を研究している数学者はこのあたりの困難を克服している。かれらにしたところで4次元空間は見えていないはずだが（中には見えている人もいるかもしれないが）、見えなければ研究できないというわけでもない。

　実数のときと同じように、なだめたりすかしたり、叩いたり、微分したり積分したりしながら研究を進めている。

　わたしも少しは複素解析をかじったが、やはり見えないものを研究するというのは常人には難しいことを痛感した。

　だから複素解析についての具体的な話は差し控えようと思う。

　その代わり、4次元空間などとはかかわりのない、楽しい話
題を用意した。

　まず、$e^{i\alpha}$と$e^{i\beta}$を掛け合わせる。

$$e^{i\alpha} \cdot e^{i\beta} = e^{i\alpha + i\beta} = e^{i(\alpha + \beta)} = \cos(\alpha + \beta) + i\sin(\alpha + \beta)$$

　また、

$$e^{i\alpha} \cdot e^{i\beta}$$
$$= (\cos\alpha + i\sin\alpha) \cdot (\cos\beta + i\sin\beta)$$
$$= \cos\alpha\cos\beta - \sin\alpha\sin\beta + i(\cos\alpha\sin\beta + \sin\alpha\cos\beta)$$

　これらは等しいので、実部、虚部をそれぞれ等しいと置く。

$$\cos(\alpha + \beta) = \cos\alpha\cos\beta - \sin\alpha\sin\beta$$
$$\sin(\alpha + \beta) = \cos\alpha\sin\beta + \sin\alpha\cos\beta$$

　なんと、三角関数の加法定理が出てくるではないか。
　三角関数の加法定理にはじめてお目にかかったときは、三角
形の辺と角度をひねくりかえしたりしながら、苦労して証明し
たことを覚えている。
　その後、ベクトルを使った鮮やかな証明を目にしたときは、
少し感動したりもしたものだ。
　ところが複素数の世界の e 先生の手にかかれば、このよう
に、なんのひねりもなく、ごくあたりまえのこととして出てく
るのだ。三角関数の加法定理は、当然過ぎるほど当然なことだ
ったのだ。

今度は $e^{i\theta}$ を n 乗してみよう。

$$(e^{i\theta})^n = (\cos\theta + i\sin\theta)^n$$

また、

$$(e^{i\theta})^n = e^{in\theta} = \cos n\theta + i\sin n\theta$$

これらは等しいので、

$$(\cos\theta + i\sin\theta)^n = \cos n\theta + i\sin n\theta$$

今度はなんと、ド・モアブルの定理が出てくるのである。

ド・モアブル（1667〜1754）は17世紀後半から18世紀前半にかけて活躍した数学者だ。フランスの出身だが、ユグノーなどのプロテスタント信徒に対してカトリック信徒とほぼ同じ権利を与え、近世ヨーロッパではじめて信仰の自由を認めたナントの勅令が、太陽王ルイ14世によって1685年に廃止されると、ユグノーであったド・モアブルは迫害を恐れてイングランドに亡命した。

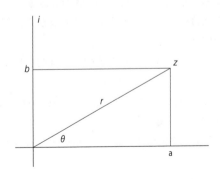

複素数

$$z = a + bi$$

に対して、絶対値 $\sqrt{a^2 + b^2}$ を r、偏角を θ とすると、

$$z = a + bi = r(\cos\theta + i\sin\theta)$$

とあらわすことができる。

　これを極形式と呼んでいるが、複素数を極形式であらわすことができれば、z^n など怖くはない、というのがド・モアブルの定理だ。

　一例として、次の問題を解いてみよう。

$$\frac{1}{(\sqrt{3} - i)^6} \text{ の値を求めよ。}$$

　正直に6乗を計算してもいいけど……。その勇気だけはほめてやりたいが、そんなことはせずに、まずここでは、

$$\frac{1}{(\sqrt{3} - i)^6} = (\sqrt{3} - i)^{-6}$$

と変形して、複素数を極形式で表現するという方法をおすすめする。

　絶対値は、

$$r = \sqrt{\sqrt{3}^2 + (-1)^2} = \sqrt{3 + 1} = \sqrt{4} = 2$$

偏角 θ は、

$$\tan\theta = \frac{-1}{\sqrt{3}}$$

を満足するので、θ の代表値として

$$\theta = -\frac{\pi}{6}$$

を取る。すると与式は極形式を用いて

$$(\sqrt{3} - i)^{-6} = \left[2\left\{ \cos\left(-\frac{\pi}{6}\right) + i\sin\left(-\frac{\pi}{6}\right) \right\} \right]^{-6}$$

とあらわされるので、あとはド・モアブルの定理を使えばあっと言う間に解決だ。

$$\left[2\left\{ \cos\left(-\frac{\pi}{6}\right) + i\sin\left(-\frac{\pi}{6}\right) \right\} \right]^{-6}$$

$$= 2^{-6}\left\{ \cos\left(-\frac{\pi}{6}\right) + i\sin\left(-\frac{\pi}{6}\right) \right\}^{-6}$$

$$= \frac{\cos\left\{ (-6)\times\left(-\frac{\pi}{6}\right) \right\} + i\sin\left\{ (-6)\times\left(-\frac{\pi}{6}\right) \right\}}{2^6}$$

$$= \frac{\cos\pi + i\sin\pi}{2^6}$$

$$= \frac{-1 + i\times 0}{2^6}$$

$$= -\frac{1}{64}$$

　ド・モアブルの定理も高校の教科書などでは数学的帰納法を用いて証明するのが普通だが、e 先生にお願いすれば、あったりまえ過ぎてへそが茶を沸かすレベルの定理になってしまう。

　また数学的帰納法による証明では n は自然数に限られることになるが、この証明法なら自然数に限る必要もなくなる。

　ただし、n が分数のときは、少し注意が必要になる。

　例として i の平方根 $\sqrt{i}$ を考えてみよう。普通に考えると、これは

$$x^2 = i$$

という方程式の根だが、まともにこれを解こうとしても困惑してしまう。

　しかしド・モアブルの定理を使えば、一発で解決する。

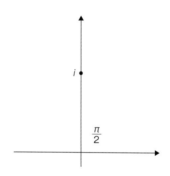

　i の絶対値は、

$$\sqrt{0^2 + 1^2} = \sqrt{1} = 1$$

i の偏角は図から明らかなように $\dfrac{\pi}{2}$ だ。

したがって i を極形式で表現すると次の式になる。

$$i = \cos\frac{\pi}{2} + i\sin\frac{\pi}{2} \quad \cdots ①$$

平方根は $\dfrac{1}{2}$ 乗なので、ド・モアブルの定理を適用する。

$$\left(\cos\frac{\pi}{2}+i\sin\frac{\pi}{2}\right)^{\frac{1}{2}}=\cos\frac{1}{2}\cdot\frac{\pi}{2}+i\sin\frac{1}{2}\cdot\frac{\pi}{2}$$

$$=\cos\frac{\pi}{4}+i\sin\frac{\pi}{4}$$

$$=\frac{\sqrt{2}}{2}+\frac{\sqrt{2}}{2}i$$

と求めることができるが、実は i の平方根はこれだけではない。①の式が問題だったのだ。

i の偏角は確かに $\frac{\pi}{2}$ だが、それだけではない。$\frac{\pi}{2}$ から $360°=2\pi$ 回転した $\frac{\pi}{2}+2\pi$ も i の偏角だし、$720°$ 回転した $\frac{\pi}{2}+4\pi$ も i の偏角だ。逆方向への回転も考慮しなければならない。つまり i の偏角は次のようになる。

$$\frac{\pi}{2}+2n\pi \qquad n\text{ は整数}$$

したがって、i の極形式による表現は、正しくはこうなる。

$$i=\cos\left(\frac{\pi}{2}+2n\pi\right)+i\sin\left(\frac{\pi}{2}+2n\pi\right) \qquad n\text{ は整数}$$

上の解は$n=0$のときだったので、$n=1$のときを求めてやればいい。

$$\left(\cos\frac{5\pi}{2}+i\sin\frac{5\pi}{2}\right)^{\frac{1}{2}}=\cos\frac{1}{2}\cdot\frac{5\pi}{2}+i\sin\frac{1}{2}\cdot\frac{5\pi}{2}$$

$$=\cos\frac{5\pi}{4}+i\sin\frac{5\pi}{4}$$

$$=-\frac{\sqrt{2}}{2}-\frac{\sqrt{2}}{2}i$$

あとはこの繰り返しなので、この2つが i の平方根ということになる。一応、平方して i になることを確かめておこう。

$$\left\{\pm\left(\frac{\sqrt{2}}{2}+\frac{\sqrt{2}}{2}i\right)\right\}^2=\left\{\pm\frac{\sqrt{2}}{2}(1+i)\right\}^2$$

$$=\frac{2}{4}\cdot(1+2i+i^2)=\frac{1}{2}\cdot2i=i$$

複素数の n 乗を求める場合、n が分数のときは、値がひとつに定まらない。この多価性に注意する必要がある。

5│4　生まれも育ちも違うのに

もうひとつ、涙なしでは語れない感動の物語を披露しよう。

$e^{ix}=\cos x+i\sin x$

$e^{-ix}=\cos(-x)+i\sin(-x)=\cos x-i\sin x$

これらの和と差を作る。

$e^{ix}+e^{-ix}=2\cos x$

$e^{ix}-e^{-ix}=2\sin x$

ここからすぐに、次の式が出てくる。

$$\cos x=\frac{e^{ix}+e^{-ix}}{2}$$

$$\sin x=\frac{e^{ix}-e^{-ix}}{2i}$$

では、これに

$x=a+bi$

を代入してみよう。まず、e^{ix}にこれを代入すると、

$$e^{ix} = e^{i(a+bi)} = e^{-b+ai} = e^{-b} \cdot e^{ai} = e^{-b}(\cos a + i\sin a)$$

同様にして、e^{-ix}に代入する。

$$e^{-ix} = e^{-i(a+bi)} = e^{b-ai} = e^{b} \cdot e^{-ai} = e^{b}(\cos a - i\sin a)$$

$\cos x$にこれらを代入する。

$$\cos x = \frac{e^{-b}(\cos a + i\sin a) + e^{b}(\cos a - i\sin a)}{2}$$

$$= \frac{(\cos a)(e^{-b} + e^{b}) + (i\sin a)(e^{-b} - e^{b})}{2}$$

$$= \cos a \cdot \frac{e^{b} + e^{-b}}{2} - i\sin a \cdot \frac{e^{b} - e^{-b}}{2}$$

$$= \cos a \cdot \cosh b - i\sin a \cdot \sinh b$$

同様にして、$\sin x$にこれらを代入する。

$$\sin x = \frac{e^{-b}(\cos a + i\sin a) - e^{b}(\cos a - i\sin a)}{2i}$$

$$= \frac{(i\sin a)(e^{-b} + e^{b}) + (\cos a)(e^{-b} - e^{b})}{2i}$$

$$= \frac{(\sin a)(e^{-b} + e^{b}) + (i\cos a)(e^{b} - e^{-b})}{2}$$

$$= \sin a \cdot \frac{e^{b} + e^{-b}}{2} + i\cos a \cdot \frac{e^{b} - e^{-b}}{2}$$

$$= \sin a \cdot \cosh b + i\cos a \cdot \sinh b$$

整理しよう。

$$\cos x = \cos(a + bi) = \cos a \cdot \cosh b - i\sin a \cdot \sinh b$$
$$\sin x = \sin(a + bi) = \sin a \cdot \cosh b + i\cos a \cdot \sinh b$$

　5 － 1 節で、三角関数と双曲線関数、つまり $\cos\theta$，$\sin\theta$ と $\cosh\theta$，$\sinh\theta$ は、生まれも育ちも違うのに、その性質が非常によく似ていると述べた。

　ところが複素数の世界に向かった e 先生の手にかかると、このふたつの関数が等号で結ばれるのである。

　もう一歩進めて、$a = 0$ を代入してみよう。

$$\cos bi = \cos 0 \cdot \cosh b - i\sin 0 \cdot \sinh b = \cosh b$$
$$\sin bi = \sin 0 \cdot \cosh b + i\cos 0 \cdot \sinh b = i\sinh b$$

cos が cosh に、そして sin が sinh になるのだ。

日本の古謡はうたう。

> 生まるるも
> そだちもしらぬ
> 人の子を
> いとしいは
> 何の因果ぞ

　此岸では、$\cos\theta$ と $\cosh\theta$、$\sin\theta$ と $\sinh\theta$ は、生まれも育ちも違う関数だ。

しかし e 先生を媒介として複素数の世界へ行けば、ふたりは
i（愛）で深く結ばれていたことがわかるのである。

5│5　半径 i の円

　原点 $(0, 0)$ と点 (x, y) の間の距離は $\sqrt{x^2 + y^2}$ であらわされる。
これをユークリッド距離と呼んでいる。

　わざわざユークリッド距離だなどと言い出すところをみる
と、数学者どもはまたわけのわからないものを定義して新しい
距離だなどと言い出すのではないか、と文句をつける人もいる
かもしれないが、ミンコフスキー（1864〜1909）が考え出した
この空間は、アインシュタインの特殊相対性理論をエレガント
に表現していると評価されているのだ。

　特殊相対性理論はこの宇宙が 4 次元であることを示している
と言われているが、その 4 次元は x 軸、y 軸、z 軸に対して新
しい軸をひとつ加えるという普通の 4 次元ではない。ミンコフ
スキー空間という特殊な 4 次元空間なのだ。

　わたしたちが生きている宇宙のモデルとしては、わたしたち
が普通に認識しているユークリッド的な 3 次元空間のモデルよ
りも、ミンコフスキー空間の 4 次元モデルの方がより正確なの
だ。

　ミンコフスキー空間の 2 次元版であるミンコフスキー平面上
の点 (t, x) と原点との距離は $\sqrt{x^2 - t^2}$ であらわされる。

　ミンコフスキー平面では、常識はずれの奇妙なことが起こ
る。図の直線 $x = t$、$x = -t$ 上の点は、$|x| = |t|$ なので $\sqrt{x^2 - t^2} = 0$
となる。つまり、この直線上をずっと遠くまで行っても、原点
との距離は 0 なのだ。

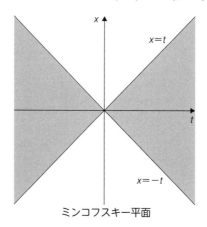

ミンコフスキー平面

　さらに図のグレーの部分では、$|x|<|t|$ となるので、この部分に存在する点と原点との距離は純虚数であらわされる。純虚数の距離なんて、いいかげんにしてくれ、と言いたいかもしれないが、定義に従って考えればこうなるのだ。

　奇妙な世界だが、これで矛盾は生じないのだから、認めざるをえない。

　というより、特殊相対性理論によれば、このモデルの方がより正しくこの宇宙をあらわしているのだ。

　グレーの部分にある点と原点との距離が純虚数であらわされるのだから、当然、原点との距離が i である点も存在する。

　普通の xy 平面で原点との距離が 1 である点の集合は半径 1 の円だった。同じようにミンコフスキー平面で原点との距離が i である点の集合は、半径 i の円ということになる。

　まず、半径 i の円の方程式を求めよう。

$$\sqrt{x^2 - t^2} = i \qquad \text{両辺 2 乗して}$$
$$x^2 - t^2 = -1$$
$$t^2 - x^2 = 1$$

では、グラフを描いてみよう。

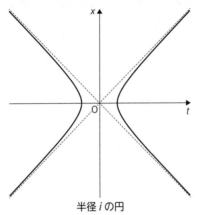

半径 i の円

　図が、ミンコフスキー平面における半径 i の円だ。これが、5 – 1 節で述べた双曲線と同じものだいうことはすぐにわかるはずだ。

　つまり半径 1 の円から $\cos\theta$、$\sin\theta$ が生まれ、半径 i の円から $\cosh\theta$、$\sinh\theta$ が生まれたのである。

　$\cos\theta$、$\sin\theta$ と $\cosh\theta$、$\sinh\theta$ の i（愛）の絆がどれほど強いものか、納得できたはずだ。

　高校で学ぶ超越関数、$\cos x$、$\sin x$、e^x、$\log x$、そしておそらく大学で最初に学ぶ超越関数 $\cosh x$、$\sinh x$ はすべて e の一

族だったのだ。

　これらの超越関数と e との関係を整理してみよう。

　半径1の円から生まれた $\cos x$，$\sin x$ と半径 i の円から生まれた $\cosh x$，$\sinh x$ が、解析を故郷としている e^x とこれほど深い関係があったとは、実に驚くべきことだ。

$$e^x \qquad \log x$$

$$\cos x = \frac{e^{ix} + e^{-ix}}{2} \qquad \sin x = \frac{e^{ix} - e^{-ix}}{2i}$$

$$\cosh x = \frac{e^x + e^{-x}}{2} \qquad \sinh x = \frac{e^x - e^{-x}}{2}$$

　はじめて人々の前に出てきたとき、e の姿はみすぼらしい流れ者のようだった。

　しかしひとたび翼を広げ、複素数の空間に舞い上がれば、その姿はまさに天空の王者だ。

　e は数学界の詩人なのかもしれない。

第6章

数学界の5人の戦士

6｜1　オイラーの宝石

オイラーの公式

$$e^{ix} = \cos x + i\sin x$$

の x に π を代入する。

$$e^{i\pi} = \cos \pi + i\sin \pi = -1$$

移項して

$$e^{i\pi} + 1 = 0$$

こちらは「オイラーの宝石」と呼ばれている。この式には5つの数、e，π，i，1，0 が登場する。

数学界の5人の戦士の勢揃いというわけだ。

e は解析から生まれた数、π は幾何から生まれた数、i は代

数から生まれた数、そして1と0は算術の基礎といわれている。

　これらの数が、こんなコンパクトな式の中に登場すること自体、とても不思議であり、宝石と呼ばれるだけのことはある。

　1とヒトとのつきあいは、おそらく人類の黎明にまでさかのぼる。ヒトが言葉を話しはじめた頃、ヒトは1という抽象概念を獲得していたと思われる。

　ヒトの赤ちゃんは、特に教えなくても言葉を話し、1を知る。ヒトの脳がそういう構造になっているからだ。

　1を認知すればすぐに

$$1+1$$
$$1+1+1$$
$$1+1+1+1$$
$$\cdots$$

と続けて、すべての自然数を得る。

　引き算をやるようになれば、負の数まではあと一歩だ。そして1−1から0を知るようになる。

　次はかけ算だが、その逆演算である割り算を取り入れると、ヒトは有理数にたどりつくことになる。

　有理数というのは考えてみれば不思議な数だ。aとbという有理数があれば、その中間に、

$$\frac{a+b}{2}$$

という有理数を作ることができる。aとbがどれほど近くに

あろうと、その間に別の有理数が存在するのだ。どれほど狭い範囲を取ってきても、その間に無限の有理数が存在する。

このことを、有理数が稠密に存在する、という。

ヒトはやがて、有理数では表現できない実数、無理数なるものを考え出すが、有理数の稠密性を考えれば、たとえば実際の長さとして無理数を測定することは不可能になる。

前に、2や3などはヒトの脳が考え出したものであり、現実ではない、という話をしたが、この場合はそういう意味ではない。たとえば$\sqrt{2}$という長さを測定しようとしても、有理数が稠密であるため、いくらでも$\sqrt{2}$に近い有理数が存在してしまう、と言いたいのだ。

$\sqrt{2}$は、繰り返すことのない無限に続く小数で表現される。しかし現実には、無限に続く小数で表現される長さなど存在しない。たとえば水素の原子核、つまり陽子の直径は1.75×10^{-15}mと言われている。だから、mという単位で考えても、小

数点以下15桁を超えたあたりから、長さは量子の揺らぎのため意味を持たなくなってしまう。

　無理数が有理数の呪縛から逃れられない例として、黄金比について考えてみよう。

　長方形の端から最大の正方形を切り取った残りの長方形がもとの長方形と相似であるような長方形を黄金長方形と称し、その縦横の比を黄金比と呼んでいる。

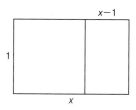

　図のような長方形で、縦の長さを1とすると、次の式が成立する。

$$1 : x = x - 1 : 1 \qquad x > 0$$

これを解いてみよう。

$$x(x-1) = 1$$
$$x^2 - x - 1 = 0$$
$$x = \frac{1+\sqrt{5}}{2}$$

つまり、

$$1 : \frac{1+\sqrt{5}}{2}$$

これが黄金比だ。小数展開すると

　　　　　1：1.6180339887…

となる。

　そして巷間では、縦横の比が黄金比である長方形が一番美しいなどと言われている。しかし少なくともわたしは、縦横の比が黄金比である長方形が一番美しいなどとは思わない。そもそも、縦横の比が黄金比である長方形を描くことなど不可能なのだ。どのように精密に描いたところで、稠密な有理数から逃れることはできないのだから。

　絵画や彫刻、建築などに黄金比が隠されているなどとまことしやかにささやかれているが、ほとんどはデタラメだ。

　意識的に黄金比を使用した芸術家がいたことは事実だろうが、実際は有理数による近似にしか過ぎない。

　一番笑ってしまったのは、ビーナスの彫像のへその位置が黄金比で、だから美しいのだという説明を読んだときだ。

　ビーナスのへそのような、かなり幅のある点に対して黄金比云々もないだろう。それに、ビーナスの彫像を見るとき、へそに注目して全体のバランスがとれている、美しい！　と思う人が実際にいるのだろうか。

6│2　0

　0が市民権を得るまでには、普通に想像するよりもはるかに長い時間がかかったらしい。数を、10個とか60個とかをひとまとめにする方法が発明されても、0はなかなか認めてもらえなかった。

　位取り記数法に0は欠かせない。しかし一度理解してしまえば、実に簡便で役に立つ手法だ。

　このあたりの歴史も非常に興味深いが、その手の本ならどこにでも書いてあることなので、ここは深入りするのをやめておこう。

　0というとわたしはいつも、$1 + (-1) = 0$のことを考えてしまう。いや、それを逆にした、$0 = 1 + (-1)$だ。

　現代物理学は、真空からある瞬間、電子と陽電子のような物質と反物質が生まれ出る、というようなことを主張している。本当に何もない空間、真空ならば時間すらないはずなので、ある瞬間、というのもおかしな話だが、そこは置いておくとして、とにかく0から1と−1が生まれるというのだ。

　そうやって生まれた物質と反物質のほとんどは衝突して再び0に戻る。ところがそこに、わずかばかりの偏りが生じ、その結果この宇宙が生まれたのかもしれない、と話は進む。

　そうなると、無に対するイメージが大きく変わってしまう。無というと、何物も生みださないもの、荒涼、不毛などのイメージがあるが、本当は豊饒なのかもしれない、と思えてくる。

　老子や荘子の世界の話のようにも聞こえるが、0が豊饒のシンボルとは、何か楽しくなってくるではないか。

　もうひとつ、わたしがわたしだと思っているこの心というか意識というものは、脳神経の物理的、化学的反応、もっと突き詰めていけば結局、電子の動きの結果なのだろうが、そのような神秘のかけらもない物質的な運動がどうやって心を生みだすのかについては何もわかっていない。

　デカルトではないが、わたしがわたしだと思っている以上、そのような意識が実在しているのは間違いないと思うが、どう考えても意識が物質だとは思えないので、実在しているという言明がいったい何を意味しているのかは明らかではない。脳が

壊れれば当然、意識も消えてしまうはずだが、わたしがわたしだと思っている意識が消えるというのは納得がいかない。わたしが生まれる前の状況に戻るだけだ、という理性のささやきにも抵抗したくなる。

ともかく、電子の運動か何かの中で、$0 = 1 + (-1)$ のようなことが起こり、意識がはじまったのだろうが、そうなるとわたしがわたしと思う心の素は 0 の中にあるのだろうか。もうこうなると妄想と変わりがなくなってしまうので、この話はこのぐらいにしておこう。

6│3 π

π とヒトとのつきあいは古い。

さすがに 1 よりも古いとは言えないだろうが、0 が市民権を得るずっと以前から、ヒトは π の神秘に魅了されていた。

円周率が円の大きさによらず一定であることは昔から知られていた。

桶職人などは、材料を準備する必要性から、π が3.1ぐらいであることは知っていたはずだ。しかし現実問題として、桶を作るだけなら、3.14の方がより正確だという知識は不要だろう。

アルキメデスは、円に内接する正多角形と外接する正多角形を用いて π を求めた。古代中国や古代インドにも、同じような方法を用いて π の近似値を求めた数学者がいた。

正多角形の辺の数を増やしていけば精度は増していくが、辺を増やしていくとその計算の困難はそれこそ指数関数的に増加していく。

3.14という数を確定するためには正57角形、3.141まで確定するためには正160角形まで計算しなければならない。

πは、調べれば調べるほど神秘的な数だと思われるようになった。人類のπへのこだわりは偏執的とでも表現すべきものとなっていった。

ルドルフ・ファン・コーレン（1540〜1610）はアルキメデスの方法を精密化し、なんと正2^{62}角形を使ってπを35桁まで求めた。

2^{62}というのはセッサの物語に出てくるような数だ。ルドルフはこの計算に晩年の二十数年を費やしたという。

アルキメデスの方法には限界がある。その後、πの巾級数展開などを用いてもっと効率的にπの近似値が求められるようになった。現在はコンピュータを使って数十兆桁まで求められている。

それでもπをめぐる謎がすべて解決したわけではなく、今でも多くの人がπに神秘を感じている。

その極めつきはカール・セーガンのSF小説『コンタクト』だろう。

πを11進法で小数展開していくと、0と1だけがあらわれる部分がある。それを適当に切り取って並べると円があらわれる。

これが造物主のサインだ、というのである。

これをはじめて読んだときは、正直少々白けてしまった。造物主のサインというにはあまりにもチャチだと思えたからだ。

もっともこれははじまりに過ぎず、その奥にはもっとすごいメッセージが隠れている可能性があると示唆されてはいるが。

一番引っかかったのは「円を一つ取り、その円周を能う限り正確に測定して、これを直径で割れば……」という部分だ。

前述したとおり、測定値として有効数字が数十桁の長さを測

189

定するのは不可能だ。観測技術の問題ではない。細かく測定していくと、量子の揺らぎのため長さそのものが意味を失ってしまうからだ。

　だからどんなに正確に測定したところで、ここにあるような奇蹟を見つける可能性があるところまでの桁数を確保することはできない。

　作者もこのことは十分に承知していながら、造物主がこしらえた宇宙を測定することによってこの奇蹟を発見する、というストーリーにするためこう表現したのだろうと想像できるが、やはり無理がある。

　それよりもここで注目したいのは、小数展開をする対象としてヒロインが π を選んだ、という点だ。繰り返しがなく無限に続く小数は数多存在する。e を選択してもいいはずだ。しかしヒロインは π を選択し、おそらくほとんどの読者もそれに疑問を感じなかったと思う。

　ここに、人類の π に対する偏愛を見て取ることができる。

6｜4　i

　2次方程式の歴史は紀元前にさかのぼるので、ヒトが i と知り合うきっかけはそのころからあったはずなのだが、長い間、ヒトは i を避け、禁忌視してきた。

　i にはじめて正面から向き合ったのは、医者であり、占星術師であり、悪名高き詐欺師であり、高名な数学者でもあったカルダノ（1501〜1576）だろう。

　カルダノは3次方程式の解の公式を研究していたとき、解が普通の実数になるのに、途中の式に $\sqrt{-1}$ が出てくる場合があることに気づいた。

$\sqrt{-1}$ などは存在しないと確信していたカルダノは、それを公式の欠陥であると考え、何とか修正しようと努力したが、不可能だった。そしておそるおそる $\sqrt{-1}$ の計算をしてみた。もとより $\sqrt{-1}$ の計算法則など知る由もない。そのため既存の計算規則を無理矢理適用して計算を進めたのだが、結果は意外にも、つじつまの合うものだった。

それでもカルダノは、$\sqrt{-1}$ を正式な数として認めれば正気を疑われると考え、遠慮がちにそのあたりのことを述べるにとどまった。

時は下り、オイラーの時代になると、$\sqrt{-1}$ は i という記号を付与され、普通の数字として何の制限もなく生きることができるようになっていた。

ガウス（1777～1855）などは、i がいつまでも神秘の暗闇に包まれているのはその命名のせいだ、と語っている。つまり、虚数、あるいはimaginary number——想像上の数——というような名前が悪いのであって、たとえば 1，−1，$\sqrt{-1}$ を正、負、虚というように呼ぶのではなく、直進、逆、横の単位というように呼んでいればよかったのだ、というのだ。

i は神秘の暗闇に包まれてなどいない。数学者以外の人が i に神秘的なものを感じるのは、単に見慣れていないだけ、あるいは虚数という名前に幻惑されているだけなのだ。

実際、たとえば電子工学にたずさわっている人は、i が機械の中で生き生きと活動していると感じているはずだ。

i の計算は、分数の計算よりもずっとやさしい。

たとえば

$$\frac{3}{5} + \frac{7}{13} = \frac{3 \cdot 13 + 7 \cdot 5}{5 \cdot 13} = \frac{39 + 35}{65} = \frac{74}{65}$$

に比べて

$$(3+5i)+(7+13i)=10+18i$$

の単純さにはほれぼれする。

　i と人間とのかかわり、人間がどれほど i を忌み嫌い、あるいは畏れていたのかという歴史は非常に興味深いが、数学的にみて、i はここに登場する π，e，i の中で一番おもしろみにかける数だ。

　映画『プルーフ・オブ・マイ・ライフ』に、数学者によるアマチュアバンドが登場する。このバンドのオリジナル曲の題名は『i』だ。バンドは舞台で 3 分間沈黙する。i は虚だから、沈黙で i を表現する、というわけだ。

　あまりおもしろくないジョークだ。これも i の虚数という「虚名」に頼っているに過ぎない。

6 | 5　超越数

　人類がはじめて目にした無理数は $\sqrt{2}$ だと思われる。$\sqrt{2}$ は、

$$x^2=2$$

の根だ。このように、有理数を係数とする代数方程式の根となる数を代数的数という。すべての有理数は 1 次方程式の根なので、代数的数は有理数を含んでいる。

　数直線上に存在する数を実数と呼んでいる。整数は無限に存在するが、数直線上で整数の並び方が隙間だらけであることは周知の事実だ。

　有理数は整数分の整数という分数として定義されている（もちろん 0 が分母にくるときは除く）。整数は分母が 1 の分数な

ので、有理数は整数を含んでいる。

有理数は無限に存在するだけでなく、数直線上にぎっしり──稠密に──存在する。では、数直線は有理数で埋め尽くされているのだろうか。つまり、すべての実数は有理数なのだろうか。

不思議なことに、有理数がぎっしり詰まっているはずなのに、その隙間に無数の有理数ではない代数的数が存在しているのだ。

自然数は無限に存在するが、1列に並べることが可能で、それに1, 2, 3, …と番号をつけることができるので、可算無限であると呼ばれている。半ば冗談で、自然数は可算無限個存在する、というような言い方もするが、無限に存在するものの個数を云々するというのはおかしな話なので、数学では「濃度」という言葉を使っている。つまり、自然数の濃度は可算無限である。

前にも述べたが、自然数と平方数は、$1 \Leftrightarrow 1^2$, $2 \Leftrightarrow 2^2$, $3 \Leftrightarrow 3^2$, …と1対1対応しているので、その個数は等しい。つまり平方数の濃度も可算無限だ。

無限の世界では、真の部分の大きさが全体の大きさと等しいというのは珍しいことではない。

整数はあきらかに自然数よりも多いが、整数も次のようにやれば1列に並べることができる。

0, 1, −1, 2, −2, 3, −3, …

つまり整数全体にも1, 2, 3, …と番号を振ることができるので、整数の濃度も可算無限ということになる。

有理数も、うまくやれば1列に並べることができる。

まず、正の有理数全体を考えよう。

　正の有理数に対し分母と分子の合計が同じものをひとつのグループにまとめる。そしてそれぞれのグループで約分できるものを除外し、小さい順に並べていく。実際にやってみよう。

合計 1　　なし

合計 2　　$\dfrac{1}{1} = 1$

合計 3　　$\dfrac{1}{2}$　　$\dfrac{2}{1} = 2$

合計 4　　$\dfrac{1}{3}$　　$\dfrac{2}{2} \rightarrow$ 除外　　$\dfrac{3}{1} = 3$

合計 5　　$\dfrac{1}{4}$　　$\dfrac{2}{3}$　　$\dfrac{3}{2}$　　$\dfrac{4}{1} = 4$

　…

　したがって、すべての正の有理数を 1 列に並べることができるので、その濃度は可算無限である。

　正の有理数の濃度が可算無限ならば、整数のときと同じように考えて、有理数全体の濃度も可算無限になる。

　では代数的数はどうだろうか。

　カントール（1845〜1918）は次のようにして代数的数の濃度が可算無限であることを証明した。

　有理数係数の代数方程式は、適当な整数をかけることによって、整数係数の方程式になる。

　したがって、代数的数の濃度を考える場合、整数係数の代数

方程式を考えればよい。

いま、整数係数の代数方程式を次のように定める。

$$a_0 + a_1 x + a_2 x^2 + \cdots + a_n x^n = 0$$

$$a_0,\ a_1,\ a_2,\ \cdots,\ a_n は整数、a_n \neq 0,\ n は自然数$$

この方程式に対し、方程式の高さ h を次のように定める。

$$h = n + |a_0| + |a_1| + \cdots + |a_n|$$

つまり、方程式の次数と、係数の絶対値をすべて足し合わせた数が方程式の高さ、ということになる。次数は正の整数で、係数もすべて整数なので、方程式の高さは明らかにひとつの正の整数となる。

たとえば

$$1 - 2x + 3x^2 - 4x^3 = 0$$

という代数方程式の高さは、次数が3、係数が1，−2，3，−4となるので、

$$h = 3 + |1| + |-2| + |3| + |-4| = 13$$

となる。

このように高さを定義すると、高さ h の方程式はたかだか有限個になる。

高さ h の方程式の次数 n は h より小さいので候補は有限個となり、係数の絶対値の和は $h - n$ となるのでそのようになる係数の組み合わせは有限個となるからだ。

したがって、たかだか有限個である高さ h の方程式を1列に

並べることは可能だ。

　また h は自然数なので、当然 1 列に並べることができる。

　そこで、h を小さい順に並べ、それぞれの h に対して方程式を 1 列に並べていけば、方程式全体を 1 列に並べることができる。

　さらに、n 次の代数方程式はたかだか n 個の根を持つので、根を 1 列に並べることも可能だ。

　したがって、整数係数の代数方程式の根を 1 列に並べることができるので、代数的数の濃度は可算無限である。

　また次のような証明もある。

　上と同じ代数方程式に対し、素数を小さい順に並べた数列 2，3，5，… を用いて、次のように正の有理数 q を作る。

$$q = 2^{a_0} \cdot 3^{a_1} \cdot 5^{a_2} \cdot \cdots \cdot p^{a_n} \qquad p は n + 1 番目の素数$$

　すると、すべての整数係数の代数方程式には、ひとつの正の有理数が対応する。

　逆に、ある正の有理数を指定した場合、その分母、分子を素因数分解して、上と逆の手順を実行すれば、ひとつの代数方程式が指定される。

　すべての正の有理数に、整数係数の代数方程式がひとつ対応しているのだ。

　したがって、整数係数の代数方程式は可算無限であり、それぞれの代数方程式の根はたかだか有限個なので、代数的数の濃度は可算無限である。

　ふたつめの証明について、具体例での説明を少し付け加えよう。

　たとえば、方程式

$$1 + x = 0$$

は、$a_0 = 1$, $a_1 = 1$なので、

$$2^1 \cdot 3^1 = 6$$

が対応する。また、方程式

$$2 - 7x^2 + x^5 = 0$$

の場合は、$a_0 = 2$, $a_1 = 0$, $a_2 = -7$, $a_3 = 0$, $a_4 = 0$, $a_5 = 1$なので、

$$2^2 \cdot 3^0 \cdot 5^{-7} \cdot 7^0 \cdot 11^0 \cdot 13^1 = 4 \cdot 1 \cdot \frac{1}{78125} \cdot 1 \cdot 1 \cdot 13 = \frac{52}{78125}$$

が対応する。

　この場合、方程式$1 + x = 0$には6が、方程式$2 + 2x = 0$には36が対応するというように、このふたつは同じ根をもつのに別の方程式と数えられてしまう、という問題はあるが、すべての方程式にはひとつの有理数が対応し、逆にすべての有理数にはひとつの方程式が対応しているので、濃度を考える場合は問題ない。

　これで、代数的数の濃度が可算無限であることがわかった。では、数直線は代数的数で埋め尽くされているのだろうか。つまり、実数はすべて代数的数なのだろうか。

　これに対してカントールは、かの有名な対角線論法を用い

て、驚くべき結論を導き出す。カントールの証明を紹介しよう。

0<x<1の実数の濃度が可算無限であると仮定する。するとこの範囲にあるすべての実数を1列に並べることが可能になる。いま、すべての実数を無限小数で表現して、1列に並べる。

順番はどうでもいい。

$0.a_1a_2a_3 \cdots a_n \cdots$
$0.b_1b_2b_3 \cdots b_n \cdots$
$0.c_1c_2c_3 \cdots c_n \cdots$
$\cdots$

このとき、次のような無限小数を定める。

小数第1位：1行目の小数の1桁目が0なら1に、0以外なら0にする。
小数第2位：2行目の小数の2桁目が0なら1に、0以外なら0にする。
小数第3位：3行目の小数の3桁目が0なら1に、0以外なら0にする。
$\cdots$
小数第n位：n行目の小数のn桁目が0なら1に、0以外なら0にする。
$\cdots$

　このようにして定めた無限小数は、1列に並んだどの無限小数とも一致しない。少なくともn桁目の数字が違うからだ。

　この小数は明らかに$0<x<1$の範囲にあるにもかかわらず、1列に並んだ無限小数とは異なるので、仮定に反する。

　したがって、実数の濃度は可算無限ではない。

　これは驚くべき結果だ。数直線上には、代数的数ではない数が、代数的数よりもはるかにたくさん存在しているというのだ。

　この、代数的数ではない実数を超越数という。

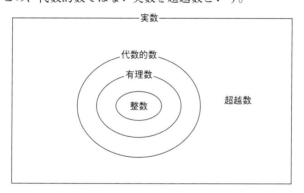

　超越数は代数的数よりもはるかにたくさん存在しているにもかかわらず、人類がいま認知している超越数は、ごくわずかに過ぎない。人工的に無理矢理こしらえた超越数は別にして、人間が自然に発見した超越数の代表が、πとeだ。

　数学界の5人の戦士のうち、1，0，iはそれぞれ、$x-1=0$，$x=0$，$x^2+1=0$の根になっているので、すべて代数的数である。

　図のようにまとめると、超越数と代数的数が同じぐらい存在

しているように見えるが、超越数の濃度は代数的数の濃度よりも濃い。無限のレベルが違う。つまり実数のほとんどすべてが超越数なのだ。

それなのに、人類が知っている超越数が数えるほどだ、という現実には悲しくなってしまう。

数学はかなり発展したと思っていたが、まだまだ初歩の初歩だったというわけだ。地球にやってくるほど科学が発達した宇宙人からみれば、地球人の数学など児戯に等しいものなのかもしれない。

超越数の研究の最前線がどうなっているのか、わたしなど知るべくもないが、ある数が超越数であるかどうかを判定する方法の研究が焦眉の課題となっているのは事実らしい。つまり、超越数の研究はまだ入り口付近でぐずぐずしている段階にあるようなのだ。

実際、ある数が超越数であることを証明するのは難しい。π や e についても、その証明にはたくさんの数学者の血の滲むような努力があった。

ある代数方程式の根である、ということを証明するのであれば何とかなるような気もするが、いかなる代数方程式の根にもならない、の証明となると、どうやればいいのか見当もつかない。

π と e が超越数であることは証明されたが、$\pi + e$ が超越数であるのかどうかについては、まだわかっていないという。

6｜6　ナットウ菌の公共心

　π の生まれ故郷が幾何である、というのは疑いようがない。e は解析の出身だといわれている。実際、e が大活躍した舞台は解析の分野だった。微分方程式で悩まされた人なら、e がどれほど役に立つか実感しているはずだ。

　しかし、e の生まれ故郷が解析だ、と言われると正直、少々違和感がある。

　人類が e と出会ったとき、e は高利貸の夢の数だった。

　そういう意味で考えると、e の生まれ故郷は統計、あるいは確率のような分野ではないか、とも思われる。

　長い間、狩猟・採集の生活をしてきた人類は、やがて農耕をはじめ、王国を作り、そして文字を発明する。この文字の発明をもって歴史時代のはじまりとするのが通説になっている。

　爾来6000年、地球上の各地でさまざまな帝国が興り、亡んでいった。そして数百年前、辺境に過ぎなかった西ヨーロッパ諸国で、一皮剝けた科学、数学がはじまった。

　やがてその科学、数学は異様な速さで発展し、たちまち地球全体に影響を及ぼすようになった。

　この西洋の近代科学を支えたのがニュートン力学であり、微分、積分であることに異論はないだろう。

　ニュートン力学の成功は圧倒的で、それからしばらくの間、物理や数学の分野で大きな仕事は全部ニュートンがやってしまったので、あとは落ち穂拾いのような作業が残るだけだ、というようなことがささやかれていたほどだ。

　そしてこれらの成功の基礎にあったのが、デカルトの分析と

総合という方法だった。事物を細かく分け、その本質を見出し、その上で全体を見るという方法が、近代のパラダイムを作っていった。このパラダイムは、物理と数学だけでなく、他のさまざまな科学にも応用され、大きな成功を収めていった。

　近代の成功は、今はまだ不十分だが、このまま同じ方法で研究を続けていけば、人類はすべてを理解できるようになる、という自信を生みだした。ラプラスの悪魔が、その自信の象徴だった。

　近代が作りだしたのは、巨大な機械と、徹底した上意下達によって一糸不乱に動く軍隊組織だった。

　ふたつとも、定められた目標を実に効率よく達成していった。

　20世紀に入り、近代の栄光に翳りが見えるようになった。

　まず、相対性理論がニュートン力学に修正を迫り、続いて量子力学がラプラスの悪魔の息の根を止めた。

　しかし、近代のパラダイムに一番大きな衝撃を与えたのは、20世紀後半の、複雑系の発見だった。

　複雑系の科学はまだまだ発展途上だ。

　というより、人類はまだその入り口のあたりでうろうろしている状態なのだが、それでも驚くような結果をいくつも出している。

　複雑系の科学はコンピュータの発展が生みだしたものだ。原理はわかっていても人間の手ではとてもやる気にならない膨大なデータをコンピュータに処理させたところ、予想もしない結果が出てきた。

　それが発端となった。

　気象学者のエドワード・ローレンツが、気象をきわめて単純化したモデルを使って、コンピュータに計算をさせていた。結果が出たので、検算をするためにもう一度、初期条件を入力してから、コーヒーを飲むためにしばらく席を外した。ところが戻ってきたローレンツは、腰を抜かさんばかりに驚いた。最初の結果とは似ても似つかぬ結果が出ていたのである。

　ローレンツは、どうしてそんなことになったのか確かめていった。検算として再度数値を入力するとき、面倒くさくなって小数点の下の方を四捨五入したのがその原因だった。常識的に考えて、初期条件のそのようなわずかな差など無視しても大丈夫なはずだった。ところが、そうではなかったのである。

　この現象をローレンツは「バタフライ効果」と名付けた。1972年のローレンツの講演「ブラジルの1匹のチョウの羽ばたきが、テキサスでトルネードを引き起こすか?」がその由来だという。

　それ以後、バタフライ効果を引き起こす現象は「カオス」と名付けられ、深く研究されていった。カオスは日常生活の中でもさまざまなところに見られるし、簡単なものなら中学生でも確認することができる。

　たとえばカオスを生みだすもっとも簡単な写像のひとつに、ロジスティック写像がある。

$$f(x) = 4x(1-x) \qquad 0 \leq x \leq 1$$

　これがロジスティック写像の一例だ。もともとは閉じられた環境内での生物の個体数の変化をあらわす数理モデルとして考

え出されたものだ。1年に1度子供を産む生物がいて、平均して1度に8匹の子供を産み、親は死んでしまう。子供を産むのはメスだけなので、$\frac{x}{2}$ の生物が子供を生み、次の世代には$4x$匹の子供が成長する。

しかしエサとなる資源が限られており、xが増えれば増えるほど餓死するものが出てくる。そのため$(1-x)$をかける、というように解釈できる。

解釈はともかく、この写像は2次関数であり、中学生でも理解できるものだ。

xとして入力できるのは、0から1までの数値だ。0はその生物がいないことをあらわし、1は環境に一杯にあふれていることをあらわす。

最初に1匹もいなければ、xに0を代入する。すると次世代も0になる。

環境いっぱいに生物があふれていたら、xに1を代入してみればわかるが、この場合も次世代は0になる。すべて餓死するというわけだ。

もっとも安定するのは、xが0.75のときで、この場合は次世代も、その次の世代も、永遠に0.75となる。

それ以外の数値を入れていくと、数値はいろいろと変化する。たとえば初期値を0.7にして、0年後、1年後、2年後、3年後を計算すると、

$$0.7 \rightarrow 0.84 \rightarrow 0.5376 \rightarrow 0.99434496$$

と増えたり減ったりする。では初期値を0.70001にしたらどうなるだろうか。その差はわずか0.00001、普通はこの程度の

差なら無視できると思うはずだ。実際、最初は無視できるほどの差しか生じない。同じように0年後から3年後まで計算してみよう。

$$0.70001 \to 0.83998\cdots \to 0.53764\cdots \to 0.99433\cdots$$

ところが計算を続けていくと、10年後あたりから差はだんだんと大きくなる。14年後になると、

初期値が0.7　　　　→0.04639…
初期値が0.70001　　→0.14868…

とその差は3.2倍ほどになる。そして17年後になると、

初期値が0.7　　　　→0.97273…
初期値が0.70001　　→0.00063…

とまったく正反対とも言える値になる。そしてそれ以後は、初期値がほとんど同じだったということが信じられないぐらい、ばらばらな結果となる。

グラフを見れば一目瞭然だ。まさにバタフライ効果である。

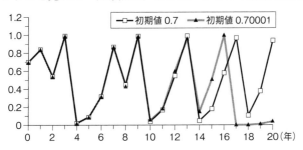

初期値を0.75とし、やはり0.00001だけずらした0.75001と比較したほうが、いかにもカオスらしい性質がわかりやすいかもしれない。0.75のほうはずっと一定のままだ。0.75001も、最初はおとなしくしているが、10年後を超えるあたりから波立ちはじめ、すぐに乱高下をはじめる。

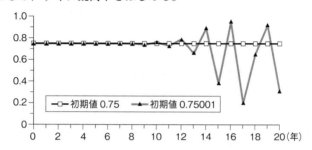

　電卓を片手に実際に計算してみるといい。中学生にも理解できる２次関数による写像で、それも十数回の操作でこんな結果が出てくるとは、実に驚きだ。

　ポアンカレ（1854〜1912）はいわゆる三体問題においてカオスが生じうることに気づいていたらしい。逆に言えばコンピュータができるまで、ポアンカレのような天才しかカオスに気づかなかった、ということなのだが、これも考えてみれば不思議なことだ。
　カオスが生じる現象であっても、未来が確率的に出現するわけではない。この例のように、その計算規則が厳密に決まっており、完全に決定論的な世界であっても、カオスは生まれるのだ。
　初期値の微妙な違いが信じられないほど大きな違いを生みだ

してしまうため、未来を予測することができないのである。

　なぜなら、人間が入力しうる初期値は測定値であり、真の値ではないからだ。測定値は、測定機器の限界までの正確さしか保証されていない。それ以下の部分は、四捨五入なりの方法によって丸められる。

　しかしバタフライ効果によって、その丸められた部分の微小な違いが、決定的な違いを生みだしてしまうのである。

　ラプラスの悪魔も、これには頭をかかえざるをえない。

　たとえば、ラプラスの悪魔がある粒子の運動の方向を定めようとして、角度を測定したとする。

　その角度は実数であらわされる。

　実数は数直線上に存在する数だ。数直線を適当なところで切断すれば、そこはほぼ確実に超越数だ。超越数とは、いかなる代数方程式の解にもならない数だ。超越数を表現するためには、無限の時間を必要とする。小数展開であろうがその他の方法であろうが、普通、超越数を簡単に表現する方法はない。

　いくらラプラスの悪魔でも、たったひとつの実数を表現するのに無限の時間を使うわけにはいかない。そこで適当なところでその値を丸めることになる。ところがその丸めた先の微小な違いがとんでもない結果をもたらすことがあるというのである。ラプラスの悪魔であっても、未来を予見するのは原理的に不可能なのだ。

　カオスの発見が突破口になり、複雑系の科学がはじまった。

　数学だけではなく、自然科学、社会科学、人文科学を含む広大な領域が関係する科学だった。

　複雑系の科学は、ラプラスの悪魔をいじめるだけでなく、実

に多くのものを生みだしていった。

　近代の思考方式に完全に別れを告げるパラダイム・シフトを要求する科学だった。

　複雑系とは、さまざまな要因が合わさって全体を構成しているが、全体としての動きは個々の要因の分析ではわからないもののことだ。

　たとえば生命などは典型的な複雑系だ。

　生物をばらばらにしてしまえば、生きていくことができなくなる。ばらばらにしてそれぞれの器官や細胞などを分析するのは生物を理解する上で必要条件となるが、それだけでは生物を理解することはできない。生命を理解するためには、生きている生物全体を相手にしなければならない。

　複雑系の科学は、創発という概念を生みだした。階層構造のある組織で、下位の要素が複雑にからみあい、個々の要素の分析からでは想像もできない奇蹟のようなシステムが生まれることだ。

　生命などは、創発現象の塊と言うこともできよう。人間の脳神経は、単純に情報の受け渡しをしているに過ぎない。ところがその単純な脳神経が組織化され、意識が生まれている。

　創発なのだ。

　複雑系の科学は、わたしたちがこれまで考えていた以上に、この宇宙は豊かで、自由で、融通無碍な世界だということを示してくれた。

　複雑系の発見は近代のパラダイムを根底から揺るがした。そのことを象徴する話として、DNAをめぐる物語を紹介しよう。

　1944年、量子力学を完成させて、すでに功成り名をあげてい
たエルヴィン・シュレディンガー（1887〜1961）が『生命とは
何か』を出版し、染色体の中に生命の設計図である遺伝子が存
在し、遺伝子は非周期的な固体であると予想した。シュレディ
ンガーの予想は若い研究者たちを動かした。はじめ、多くの研
究者は、遺伝子はタンパク質であると考えていたが、1953年、
DNAの二重螺旋構造が明らかになり、DNAが遺伝物質である
ことが判明した。

　そこから研究は急進展する。すぐに、DNAはA，T，G，C
という4つの文字で書かれた1次元の文であり、3文字が単語
となってひとつのアミノ酸を指定していることがわかった。
DNAの暗号が解かれたのである。

　続いて、DNAの情報がRNAに転写され、リボゾームでタン
パク質が組み立てられる構造も明らかになった。

　人々は、DNAこそが生命を維持する司令塔であり、本質で
あると考えた。生命の神秘が明らかになるのも時間の問題だと
思われた。

　しかしそこで研究は大きな壁に突き当たる。

　DNAは生命を維持する司令塔ではなかったのだ。

　DNAはいわば巨大なデータベースであり、DNAのどの部分
を利用してタンパク質を合成していくかを決めるのはさまざま
なタンパク質だった。

　ではそのタンパク質が司令塔なのか。そうではなかった。そ
れらのタンパク質も、もとはといえばDNAから作られたもの
だった。

　そもそも受精卵の最初の活動は、母親から受け継がれた卵子
の中のタンパク質の働きによってはじめられる。では、卵子の

中のタンパク質が司令塔なのかといえば、そうとも言えない。

　RNAやリボゾームなども重要な役割を担っているが、司令塔ではない。

　研究は迷路に迷い込むことになる。

　結局、司令塔など存在しない、ということが明らかになる。

　細胞に中心などないのだ。

　細胞は、近代が作りだした機械や、軍隊のような組織とは、根本から異なるものだった。

　細胞は、多くの科学者の予想とは異なり、アナキストの天国のような存在だったのだ。

　DNAは冗漫で、重複が多く、つまり非常に無駄の多い構造になっていた。細胞そのものが、洗練された機械のようなものだと予想していた科学者を裏切り、きわめて冗漫で、無駄の多い構造だったのだ。

　細胞は、命令が一直線に伝えられる直列構造ではなく、情報が同時に並行して処理される並列構造だった。

　直列構造では、情報伝達の経路のどこかで齟齬が生じるとそこで情報の処理はストップしてしまうが、並列構造なら豊富な迂回路が用意されているので、情報の処理が止まることはない。命令が発せられた直後に状況が変化した場合、直列構造ではその命令のまま暴走することになるが、並列構造では適切に対処することも可能になる。

　情報の伝達も、その多くは、あるタンパク質を細胞液の中に流し込み、細胞内のどこかに存在するそのタンパク質がぴったりと嵌る構造のタンパク質に偶然出会うのを待つという、非常に無駄が多く、不確実な方法を用いていた。しかしこの方法

は、大数の法則を持ち出すまでもなく、おびただしい量の情報タンパク質を用いることによって、確実な情報伝達を実現していた。

また細胞の活動は、常にフィードバック機構に支えられていた。

赤ちゃんが挫折を繰り返しながら次第に歩行を習得していくように、細胞は、試み、失敗することを繰り返しながらデータを集め、自らを組織していくのだ。多くのおとなは自分が歩行を習得した過程を忘れてしまっているが、赤ちゃんを育ててみれば、嬉々として失敗を繰り返しながら歩けるようになる様子に感動するはずだ。

そして極めつきは、細胞内の各モジュールの相互作用によって、あるいは細胞同士の相互作用によって、奇蹟としか思えない「創発」を実現してしまう点だ。

創発とは、個別の要素の複雑な相互作用によって、個別の要素の振る舞いからは予想できないようなシステムが構成されることをいう。

たとえば、細胞が成長して心臓という臓器を作りだす、というのが創発だ。そこには、心臓を作るように命令する司令塔も、中心も存在しない。細胞同士の相互作用の積み重ねがあるだけだ。

生命は、創発という奇蹟を、平気な顔をして繰り返しながら成長していく。

生命は、近代が作りだした巨大な機械や軍隊組織とはまったく異なる存在だった。

生物学者たちは現在、身を切るような思いでパラダイムシフ

トを強要されながら、奮闘している。

　人間の歴史もまた、典型的な複雑系だ。
　歴史上、創発と思われる現象は多々あった。
　また、歴史は歴史発展の法則にのっとって必然的に動いていく、という歴史観は根本的に間違っている。原因と結果という因果の筋は、それまで考えていたよりもはるかに複雑であり、その多くは人間による分析が不可能なものであるからだ。
　たとえば、バタフライ効果でブラジルのチョウの羽ばたきがアリゾナのトルネードを引き起こしたとしても、チョウの羽ばたきを原因と言うことはできないだろう。
　偶然、という要素を、歴史を見る上でもっと積極的に考える必要がある。
　必然であったにしても、その因果の糸が人間に見えないのならば、それは偶然ととらえるべきだからだ。
　歴史小説などで、これこれこういうわけで勝者が勝ち、敗者が敗れたのだ、などと筆者がわけしり顔で解説するのを、かつてはわたしも、なるほど、と思いながら読んでいたのだが、複雑系の科学を知って以後はそういう解説を読むと鼻白むようになった。
　歴史の結果を知った者のあと智恵でエラそうなことを言っているに過ぎないからだ。
　その時代を生きていた人間たちは、一寸先は闇という状態の中で、必死に人生を切り開いていったのだ。

　トルストイ（1828〜1910）の『戦争と平和』のクライマックスであるボロジノの会戦の前夜、ピエールが親友のアンドレイ

を訪ねる。民間人であるピエールは、その日観察した味方の軍の配置や陣形について、「左翼は弱い」だの、「右翼は延び過ぎだ」などと語る。

それに対して現役の士官であるアンドレイは「本当にあすの運命を決めるのは僕たちで、司令部の連中じゃないと思っている……勝利を決めたのは、またこれからも決めるのは陣地でもなければ、装備でもない、兵隊の数でさえもない。とくに陣地はいちばん関係がない」（藤沼貴訳、岩波文庫、以下同じ）と言い放つ。

戦争の勝敗に、戦略や戦術、あるいは指揮官の資質などは関係しない、とトルストイは言っているのである。

実際、トルストイが好意的に描いているロシアの将軍、クトゥーゾフは、ほとんど何もしない将軍だ。戦争において、将軍ができることが何であるか、クトゥーゾフは知り抜いているかのように描かれている。

それに対して、フランスの皇帝であるナポレオンの描かれ方は独特だ。

俗に言われる、戦争の天才としての片鱗もそこにはない。

ナポレオンの戦争芸術とまで言われているアウステルリッツの会戦にしても、ナポレオンの戦術の妙などという表現は一言もなく、わけのわからない混乱のうちにロシア・オーストリア軍が敗退していくだけだ。

会戦の前に描かれる、ロシア・オーストリア軍の作戦会議は印象的だ。複雑な作戦計画に対して、クトゥーゾフは一言も口をはさまない。そして、精緻であると思われた作戦計画は、発動すると同時に破綻してしまう。

ボロジノの会戦で積極的に動いたのはフランス軍だった。ナ

ポレオンが作成した「フランスの歴史家たちが感服し、そのほかの歴史家たちが深い敬意をはらって述べている、その作戦命令書」（前掲書）には４つの指示が含まれていたが、その指示は遂行不可能なものであり、実際に遂行されることもなかった。

　また戦闘がはじまってからも、ナポレオンはこの会戦に影響を与えることができなかった。戦闘のあいだずっと、ナポレオンは戦場からずっと離れたところにいたため、戦闘の経過を知ることもできなかったのだ。

　戦場からナポレオンに向けて幾度も伝令が発せられたが、激しい戦闘の中からのその報告はそもそも戦況を正確に伝えるものではなく、またその伝令がナポレオンのもとにたどりついたときには、戦況はすでに変化していた。

　ナポレオンが発する命令もまた、当然のことながら現場の状況に合致するものではなく、遂行するのが困難なものばかりだった。

　トルストイは言う。

　　歴史家たちは、世界のさまざまな事件の自由意志のない道具のうちで、もっとも奴隷的で、自由意志のない人々である指揮官たちの先見の明や、天才性を証明する証拠を巧妙にこしらえ上げて、生じた事実にそれをあとになって当てはめている。

　　古代の人たちは、英雄叙事詩の典型を我々に残した。そのなかでは英雄が歴史の興味のすべてを形作っている。

（前掲書）

　物語としては、英雄叙事詩の方が断然おもしろい。しかしトルストイはこのような「物語」を峻拒する。

「すぐれた指揮官」というのはどういう意味なのか、というアンドレイの質問に、ピエールはこうこたえる。

　　「すぐれた指揮官というのは」ピエールは言った。「つまり、あらゆる偶然性を前もって見抜く……つまり、敵の考えを察する人です」
　　「でも、そんなこと不可能だね」アンドレイは、もうずっと前に解決ずみのことのように言った。(前掲書)

　当然のことながら、トルストイは複雑系の科学を知らない。しかし、歴史が近代のパラダイムで理解しうるようなものでないことは熟知していた。

　近代のパラダイムによる極北の理論は、カール・マルクス（1818〜1883）の仕事だろう。確かに剰余価値の発見は偉大な業績だったが、マルクスが理想とした社会については、旧ソ連や東欧における悲惨な実験によってそれが不可能なことが実証された。マルクスが提唱した史的唯物論が人類にもたらした害毒ははかりしれない。ファシズムよりも罪が重い、と言えるかもしれない。

　SFが描く未来社会が、高度な管理社会か、あるいはホッブス（1588〜1679）の言う「万人の万人に対する闘争」のようなものばかりというのにはいつも失望させられる。小説『1984』のような管理社会が実現不可能なことは、旧ソ連や東欧の実態によって明らかになった。国家の統制がなくなった社会が「万

人の万人に対する闘争」とは異なるということもまた、複雑系の科学によって見直された歴史、文化人類学、進化論などの研究によって明らかになりつつある。

　ナットウのネバネバは、雨水などでナットウ菌が流出するのを防いでいる。ネバネバに包まれた空間は、ナットウ菌の共存共栄のためのコミューンだ。ネバネバの生産には貴重な資源を必要とする。もしネバネバの生産をサボり、その分の資源を自分自身と子孫の繁栄に使うズルいナットウ菌がいたらどうなるか。細かい条件を無視したシミュレーションを実行してみると、わずか数世代のうちにナットウ菌のコミューンはズルいナットウ菌だけになってしまうことがわかる。そうなればナットウのネバネバはなくなってしまい、コミューンは崩壊してしまう。

　ナットウ菌は何らかの方法で、ズルいナットウ菌を抑制するのに成功しているのだ。擬人化して表現すれば、ナットウ菌は進化の過程で、ズルいナットウ菌を抑制する公共心を育て上げたのである。

　公有の牧草地を複数の農民が利用している。農民たちは牧草地を維持するため、それぞれの農民が牧草地に入れることのできる牛の数を制限している。しかし、牧草地は広いのだから、1頭ぐらい制限よりも多い牛を放っても大丈夫だろうと考える農民がいたらどうだろうか。その農民は他の農民よりも豊かになり、やがてその農民を真似する農民が増えていき、牧草地は枯れてしまう。牧草地を維持するためには公共心が必要なのだが、個々人の公共心に訴えるだけでは難しいのが現実だ。「牧草地のジレンマ」である。

　牧草地のジレンマは人間社会のいたるところで観察できる現

象だ。ナットウ菌はこの牧草地のジレンマを完全に克服している
のである。

　生物のこのような利他的な行動はいたるところで観察されて
いる。しかし利他的行動を自然淘汰の理論で説明するのは難し
い。ダーウィンをも悩ませた難問だった。

　解決の糸口は、新しい数学である「ゲーム理論」から見つか
った。

　こちらが協調を選択し、相手も協調を選択した場合、双方が
最大の利得を得るが、こちらが協調を選択し、相手が裏切りを
選択した場合には、手ひどい被害をこうむる。逆に相手が協調
で、こちらが裏切りなら、こちらは望外な利得を得る。双方が
裏切りを選択した場合は、悲惨な結果になる。

　このゲームを多人数で繰り返し行う場合、常に協調を選ぶ
「お人好し」や、常に裏切りを選ぶ「裏切り者」戦略はすぐに
淘汰されてしまう。

　この世界で生き残る戦略は、細かい部分はさまざまなバリエ
ーションがありうるが、基本的に協調を選択し、相手が裏切っ
た場合は、その次にその相手に出会ったとき、こちらも裏切り
で対応する、という戦略だ。

　つまり、自己の生存をはかるためには、「お人好し」ではだ
めだが、少なくとも協調を基本として生きていかなければなら
ない、というのだ。

　もちろんこれは単純化したゲームの話であり、これをそのま
ま現実に当てはめることはできないが、利己的な遺伝子が進化
していく中で協調という利他行為を獲得していく数学的なモデ
ルを見出したという意味は大きい。

すぐに生物学の分野から、この具体的な事例についての報告が相継いだ。

　特に、このモデルが発見されるずっと以前、クロポトキン（1842〜1921）が『相互扶助論』で、多くの生物、そして人間社会の共同体での利他行動を報告していることは注目に値する。進化学者の陥りやすい間違いのひとつ、種の進化論を巧妙に回避しながら、さまざまな事例を科学的に描写していった筆力は、博物学者としての彼の力量を十分に感じさせるものだった。

　人間以外の生物の場合、進化によってそのような「本能」が身に付いた、と説明できるが、人間の場合、そう単純ではない。

　そのため、さまざまな巧妙な心理学的な実験が考案され、実行された。文明化されていない人々を含む多くの民族で実験が繰り返された結果、確かに人間には、他人を思いやる心や公正を求める心が存在することが確かめられていった。

　もちろん人間は複雑であり、極端な場合サイコパスと呼ばれる、公共心が完全に欠けている人間もいるが、多くの人間の脳には、公共心とも言うべき構造が確かにあるのだ。

　さらに、帝国の周縁についての歴史研究は、国家権力が弱体化した薄暗闇の中で、人々が民主主義、人権、自由、平等、博愛の原則に従う社会を作り上げてきたことを明らかにしていった。

　ヒトが文字を発明したとき、ほとんどのヒトは王国に暮らしていた。巨大な帝国の一員として生きていたヒトも多かった。狩猟・採集の暮らしははるか昔のことで、その頃のことは忘れ

られて久しかった。

　21世紀になってやっとヒトは、はるかな昔どのような暮らしをしてきたのか、そして帝国の周縁の小さな共同体やアウトローのコミュニティがどのような原則によって維持されてきたのかを思いだした。

　狩猟・採集の暮らしの中で、ヒトの脳は進化していった。環境に適応するため、ヒトの脳は普遍的な言語機能、普遍的な数学機能を獲得した。そして、共同体を維持するため、ナットウ菌がズルを許さない心を獲得したのと同じように、思いやりの心、不正を憎む心を獲得したのだ。

　孟子（BC370頃〜 BC290頃）は言う。

　子供が井戸に落ちそうになるのを見れば、人は利害損得を考えることなく、その子供を助けようとする。人には仁の心があるからだ。同じように人には義、礼、智の心も備わっている。人は生まれながらにして2本の手と2本の足を持っているように、仁義礼智の四端が備わっているのである。

　孟子は、ヒトの脳が、思いやりの心や不正を憎む心を進化させてきたことを知っていたのだ。

　民主主義が古代ギリシャのアテネを起源とする、という巷間に流布している俗説はとんでもない謬論だ。軍国主義的な奴隷所有社会で、制度的な女性抑圧を基盤としていたアテネが人類の希望の星では、あまりにも悲しいではないか。また、民主主義、人権、自由、平等、博愛という概念は西洋独特のものであり、イスラム文化圏や儒教文化圏では受け入れられない、という文明の衝突論なども、完全に間違っている。

　民主主義を、集団の構成員のコンセンサスによって集団の意

思を決定するシステム、ととらえるなら、民主主義は人類のはじまりと同じぐらい古く、アテネというような特定の地域をその起源と考えることはできない。

たとえば最近、アメリカ合州国憲法を起草した人々について、おもしろい研究がなされている。教養豊かなかれらが、古代ギリシャやローマの歴史に通じていたことは確かだが、当然のことながらかれらが直接古代ギリシャの民主主義を目撃することはなかった。かれらが実際に目にした民主主義の実例は、アメリカ原住民であるイロコイ族の連合と、カリブの海賊だったというのである。

イロコイ族の民主的な伝統についてはよく知られているが、カリブの海賊の民主主義についてはわたしも最近知って驚いた。

カリブの海賊たちが活躍したのは、17世紀の半ばから18世紀の初めまでで、それほど長い期間ではない。活動の舞台は、カリブ海を中心として、アフリカ沿岸にまでおよんだ。海賊たちの大半は、軍艦や商船の船乗りだった。軍艦や商船での暮らしは、貧しい食事、窮屈な寝床に厳しい懲罰、早死に、そのうえろくに給金も支払われないという悲惨なものだった。民族は多様で、奴隷から解放された黒人も多く含まれていた。

海賊船に船長はいるが、軍艦や商船の船長のように絶対的な権力を有しているわけではない。戦闘のときなど緊急時には船長の命令が絶対だったが、平時には船長もその他の海賊たちと同じように暮らしていた。また、船長の権力を牽制するため、操舵手が第2の船長と言いうる位置にいた。

そもそも船長や操舵手は、船員全員の合意によって選出され

た。船長が船員の意に反する行動をとれば、当然、船長の座から引きずり下ろされた。

　略奪品の分配も、船長が少し多くもらいはしたが、基本的に平等だった。

　おもしろいことに、戦闘によって手や足を失うなどして働けなくなった海賊のために、略奪品の一部が貯蓄されていたという。海賊たちの福祉政策だ。

　軍艦や商船の船長の残忍さへの反発から海賊になった者が多かったので、略奪した船の船長が船員たちを手荒く扱ってきたことが明らかになると、その船長を処刑したりしたが、逆に温情のある船長だった場合は、それにふさわしく遇した。

　また、常に飲んだくれている荒くれ男どもの集まりに、若い女性が捕虜として連れ込まれたら、悲惨なことが起こるに違いないと思っていたが、ほとんどの海賊たちには「女性や少年に対してその意に反するような行為をしてはならない」という掟があった。海賊にとって掟は絶対である。国家が管理する軍が戦場で強姦を恣にしてきたことは否定しえない歴史的事実であり、現在も兵士による強姦事件を根絶することができない現実と比べると、海賊たちの人権意識の高さには驚かざるをえない。

　間違いなくそこでは、民主主義、人権、自由、平等、博愛の原則が貫徹されていたのだ。

　温情のある船長はそれにふさわしい待遇を受けたが、そうやって数ヵ月、あるいは数年を海賊船で暮らしてから解放された船長などによって、海賊船の上の民主主義が知られるようになった。

　アメリカ合州国憲法を起草した人々が、その影響を受けてい

るのである。

　民主主義、人権、自由、平等、博愛の原則が、普遍的な言語機能や普遍的な数学機能のように、ヒトの脳にもともと備わっているというのだから、ヒトの未来も捨てたものではなさそうだ。

6│7　複雑系で *e* が活躍する未来

　ヒトの未来を考えるときはいつも、最近、韓国で起きた大事件に考えがおよぶ。

　韓国はずっと軍事独裁に苦しめられてきた。韓国が民主主義を獲得したのは1987年で、民主主義の歴史はまだ40年に満たない。韓国の市民がその民主主義を獲得するまでには、長く苦しい闘争の歴史があった。

　1987年に民主化されたといっても、その後の歴史が順調に進展したわけではない。とりわけ李明博、朴槿恵大統領の時代、民主主義は後退し、市民の自由は制限され、軍事独裁ではないが非常に息苦しい社会となっていた。

　そして2016年10月、朴槿恵政権の決定的な不正の証拠が明らかになり、怒った韓国の市民がろうそくを手に街頭に躍り出た。

　零下20℃を超える激寒の中、数ヵ月にわたって韓国全土で繰りひろげられたろうそくデモによって、朴槿恵は権力の座から引きずり下ろされる。

　ろうそくデモは、親子づれや女子中学生が参加するなど、非暴力の原則が貫かれ、最後までひとりの犠牲者も出すことがなかった。

　この、「ろうそく革命」と呼ばれる一連の事態には、司令塔

もなく、中心もなかった。市民ひとりひとりが自分の意思で行動し、そのひとつひとつの行動が絶妙の和音を奏で、巨大な力へと発展したのだ。

まさに、複雑系の創発が起こったのである。

ろうそく革命によって文在寅政権が成立したが、もちろんこれによって問題がすべて解決したわけではない。韓国はいまだに、貧富の格差が大きく、さまざまな社会問題を抱えている。

しかしもともと、複雑系である社会を、一刀両断してすべての問題を一気に解決するなどということは不可能なのだ。小さな変化が、バタフライ効果によって思わぬ事態を招くこともある。

改革も、社会の健康なフィードバック機能を信頼しながら、試行錯誤を繰り返して少しずつ進める必要がある。

ろうそく革命は、ヒトの未来に希望があることを示す、歴史的な大事件だった。

複雑系である社会は、人間の脳が本来備えている民主主義、人権、自由、平等、博愛などの原則に従って、先を急ぐことなく、一歩ずつ前進していく必要があるのだ。

複雑系について、人類はまだほとんど何も理解していない。複雑系の科学はこれからの科学だ。

複雑系の特徴は、数学的に考えると次の2点に集約される。

　①$f(ax) = af(x)$
　が成り立たない。つまり、比例関係が成り立たない。
　②$f(x+y) = f(x) + f(y)$
　が成り立たない。要素と要素の間の相互作用が思わぬ効果

を発揮するので、全体の結果はそれぞれの結果を単純に足したものとは異なる。

　この①と②が成立する世界を線形という。だから複雑系は非線形のモデルで追究していかなければならない。

　複雑系の特徴はまだ定まっていない。

　現在のところ、複雑系の研究には、統計力学、情報理論、そして非線形力学などが活躍している。

　しかし、たとえば非線形力学などと言っても、線形でないすべての力学がここに含まれているので、その範囲は漠然としていてつかみどころがない。

　複雑系の科学の第一人者であるカウフマン（1939〜）は、人類はいまだ複雑系の世界を表現する数学を発見していない、と言っている。実際、複雑系の世界を分析するとき、ニュートン、ライプニッツからラグランジュ、オイラー、ガウスといった巨人が築いてきた近代的な数学の手法がまったく使えないのだ。

　『数学』という分厚い本がある。その第１章は「線形数学」であり、第２章から続く、この本の大部分を占める章は「非線形数学」をテーマにしている。人類はまだやっと第１章をなんとか読み終えた段階にある。

　近代の末期、数学や自然科学の驚くべき発展を目にした人類は、宇宙の秘密を手にするのももうすぐだ、と思い込んだ。自然科学の最先端を走っていた物理学は、分子、原子から素粒子、クォークと物質の究極の姿を解明し、もうあと一歩ですべてを解明できる、と豪語していた。

　しかしとんでもない錯覚だった。

　宇宙という壮大な書物の、最初のページすらまだ完全には理解できていないのではないか、というのが複雑系の科学を目にした科学者たちの感想だ。

　後世の史家は現代を、微分積分学によってはじまった近代の科学革命に匹敵する「第2の科学革命」の時代であると規定するはずだ。

　複雑系の科学のニュートンは、まだ出現していない。カウフマンは、複雑系の科学のフェルマーかデカルトというような位置づけになるのかもしれない。

　しかし、複雑系の科学のニュートンが出現するのも時間の問題だ。

　e は微分積分でも大活躍したが、不思議なことに複雑系の科学でも、思わぬところにひょこっと顔を出してきている。巨大な数の要素間の相互作用を扱う複雑系の科学では統計学が必須だが、統計学の基本となる正規分布やポアソン分布などを表現するのに、e は欠かせないのだ。

　そして、複雑系の世界を逍遥していると、まったく想像もしていないところで e、というより $\frac{1}{e}$ に出くわし、びっくりすることがある。

　数直線を任意の位置ですっぱり切ると、その切れ目に存在する数がわたしたちに馴染みのある代数的数（言うまでもないことだが、整数や分数などはすべて代数的数だ）である確率は0％だ。無限の世界では0％が0ではない、という詐欺のような話だが、代数的数の濃度が可算無限で、超越数の濃度がそれよ

りも濃いという結果から計算するとそうなるのだ。

　つまり、数直線上の数のほとんどすべては超越数なのだが、その正体は謎に包まれている。その中で、πと e だけは人類がその性質についてある程度把握している超越数だと言えよう。

　e は、そういうきわめて特殊な位置にある数だ。

　e は、微分積分の世界のスーパースターだ。では、複雑系の科学の中ではどうなのだろうか。

　そのこたえを知っている人間は、いまのところひとりもいない。

　ただ、わたしは e が、複雑系の科学の世界でも主役級の大活躍をするのではないか、とひそかに思っている。

　そう思わせる兆候はいたるところにあるのだ。

　e が、複雑系の科学の中でどのような活躍をしていくのか、おそらくわたしはそれを見届けることはできない。

　それでも、次の世代の人々はその縦横無尽の活躍に驚くに違いない、と考えている。

6│8　対数螺旋

　ハヤブサは獲物を狙うとき、獲物の方向と自分が飛んでいる方向を一定の角度に保ったまま接近していくという。この場合、ハヤブサの軌跡は螺旋になる。

　図は、点Pにおける接線と、点Pと原点を結ぶ直線とがなす角度が常に45°となるような螺旋だ（235ページのNOTE 7参照）。このような性質――等角――をもつ唯一の関数を、対数螺旋という。

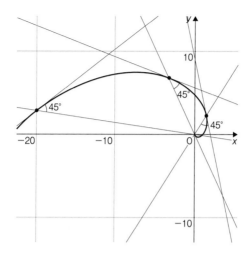

eの物語の最後は、この対数螺旋で締めくくることにしよう。

　螺旋を考えるときは、普通のxy座標ではなく、極座標を使うのが便利だ。極座標は図のように、原点Oから点Pに引いた直線OPとx軸とのなす角θと、線分OPの長さrで点P(r, θ)を表現する座標だ。θは普通ラジアンの単位で考える。

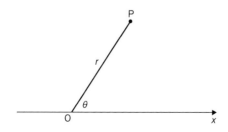

P(r，θ)と、それをxy座標であらわしたP(x，y)との関係は次のようになる。

$$x = r \cos \theta$$
$$y = r \sin \theta$$

螺旋というと、普通はこのような螺旋を思いうかべるはずだ。

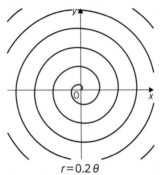

$$r = 0.2\theta$$

　これは

$$r = a\theta$$

という式であらわされる螺旋で、アルキメデス螺旋と呼ばれている。線の間隔が一定の螺旋だ。
　これに対して対数螺旋は、

$$r = ae^{b\theta}$$

という式であらわされる。
　式を見ても、対数などどこにも出てこない。

　対数螺旋という名がつけられた頃は指数関数がまだ市民権を得ていなかったため、このような名前がつけられたのだ。eという記号はオイラーが定めたので、当時はeという記号すら決まっていなかった。

　円から生まれた関数なのに$\cos\theta$、$\sin\theta$が三角関数と呼ばれ、決して虚しい数ではないのにiが虚数と呼ばれているように、数学の世界には不当な命名がまかり通っているのだ。

　対数螺旋は、拡大、つまりrをk倍したものが、もとの関数を回転させたものと等しいという著しい特徴をもっている。自己相似なのだ。

$$r = ae^{b\theta} \quad \cdots ①$$

と、それをk倍した

$$r = kae^{b\theta} \quad \cdots ②$$

を比べてみよう。$k = e^c$とすると、②の関数は次のように変形できる。

$$r = kae^{b\theta} = e^c ae^{b\theta} = ae^{b\theta+c}$$

これは、①の式で$\theta \to \theta + c/b$の変換をしたことを意味する。つまり$\dfrac{c}{b}$ラジアン回転させたのと同じなのだ。

　たとえば、次ページの図は$r = e^\theta$と$r = 2e^\theta$のグラフだが、

$$2 = e^{\log 2}$$

となるので、回転角は$\log 2 \fallingdotseq 0.693$ラジアンとなる。普通の

角度に変換すると、

$$\frac{\log 2 \times 360}{2\pi} \fallingdotseq 39.7$$

なので、約40°回転したものとなっている。

対数螺旋が回転している動画を見ると、対数螺旋が無限に成長していく、あるいは無限に縮小していくように見えるというわけだ。

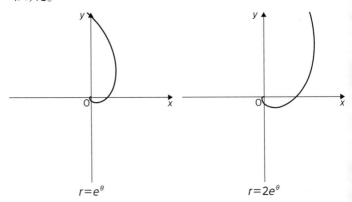

$r=e^{\theta}$ $r=2e^{\theta}$

このことからわかるとおり、$r=ae^{b\theta}$で、aはグラフを回転させることを意味するので、グラフの形を決めるのはbだということになる。

いくつか例示しよう。

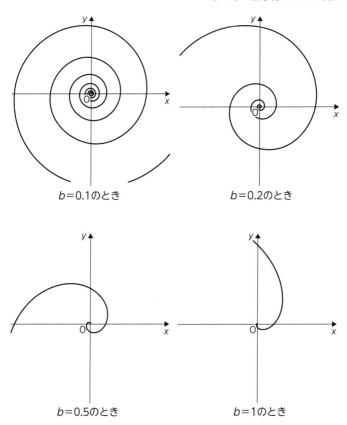

b=0.1のとき　　　　　　　b=0.2のとき

b=0.5のとき　　　　　　　b=1のとき

　対数螺旋は、k倍するという幾何学的変換で不変だが、それ以外に反転という変換でも形は変わらない。反転とは

$$r \rightarrow \frac{1}{r}$$

の変換である。普通はこの変換を行うと、グラフは著しく変

形する。たとえば原点に近い点

$$P\left(\frac{1}{100}, \ \theta\right)$$

を反転すると

$$P(100, \ \theta)$$

と原点から遥か遠くに飛ばされてしまう。

では、$r = e^{\theta}$ を反転してみよう。

$$\frac{1}{r} = e^{\theta}$$

$$r = \frac{1}{e^{\theta}} = e^{-\theta}$$

となり、鏡像に変換されるが、形は変わっていない。

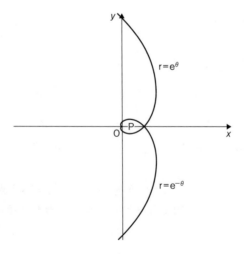

この対数螺旋に魅了されたのが、ヤコブ・ベルヌイだ。

ヤコブは、高利貸の究極の夢として

$$\lim_{n \to \infty} \left(1 + \frac{1}{n}\right)^n$$

に注目し、2項展開によってこの極限が2と3の間にあることを示した数学者だ。

ヤコブは極座標を用いて対数螺旋を研究し、対数螺旋がk倍や反転だけでなく、縮閉線の作成や、垂足曲線、火線といった変換に対しても再び同じ螺旋になることを発見し、対数螺旋に夢中になった。

ヤコブは対数螺旋を、逆境にあっても屈しない強固で不変なもの、不屈の象徴と思い、さらには死後の復活の象徴と考え、「不滅の螺旋」と名づけさえした。

アルキメデスは、彼が発見した「球の表面積はその球がすっぽり入る円柱の側面積に等しい」という定理が気に入り、墓碑にその図を描くよう遺言したと伝えられている。アルキメデスの死から137年後、シュラクサイの総督に就任したキケロが、アルキメデスの墓を訪れた。すぐには見つからなかったが、やがて茨の中に、その墓碑を見つけたという。しかし今はその墓碑が失われて久しい。

ヤコブはこの故事にならい、自分の墓碑に対数螺旋を彫るよう遺言したという。

しかし、石工に数学の素養がなかったのか、実際に掘られたのはアルキメデスの螺旋だった。

バーゼル大聖堂の中庭にあるヤコブ・ベルヌイの墓碑
碑文の下の渦巻きがアルキメデスの螺旋になっている（右）

NOTE 7

もっとも簡単な対数螺旋

$$r = e^{\theta}$$

が等角であることを示していこう。

　等角とは、原点を通る直線との交点Pの接線と原点を通る直線とがなす角度が一定である、ということだが、それを示すため、原点を通る直線の方向ベクトルと、Pにおける接線の方向ベクトルとの内積が一定であるかどうかを確かめていく。

　対数螺旋上の点Pの座標を(x, y)とすると、x, yは次のようにあらわされる。

$$x = r \cos \theta = e^{\theta} \cos \theta$$
$$y = r \sin \theta = e^{\theta} \sin \theta$$

それぞれをθで微分していく。

$$\frac{dx}{d\theta} = \frac{d}{d\theta} e^{\theta} \cos \theta$$

$$= e^{\theta} \cos \theta + e^{\theta} (-\sin \theta)$$

$$= e^{\theta} (\cos \theta - \sin \theta)$$

$$\frac{dy}{d\theta} = \frac{d}{d\theta} e^{\theta} \sin \theta$$

$$= e^{\theta} \sin \theta + e^{\theta} \cos \theta$$

$$= e^{\theta} (\cos \theta + \sin \theta)$$

これをもとに $\dfrac{dy}{dx}$ を求める。

$$\frac{dy}{dx} = \frac{\dfrac{dy}{d\theta}}{\dfrac{dx}{d\theta}} = \frac{e^{\theta}(\cos \theta + \sin \theta)}{e^{\theta}(\cos \theta - \sin \theta)} = \frac{\cos \theta + \sin \theta}{\cos \theta - \sin \theta}$$

したがって、Pにおける接線と平行なベクトルは次のようになる。

$$(\cos \theta - \sin \theta, \ \cos \theta + \sin \theta)$$

このベクトルの絶対値を計算しよう。

$$\sqrt{(\cos \theta - \sin \theta)^2 + (\cos \theta + \sin \theta)^2}$$
$$= \sqrt{\cos^2 \theta - 2\cos\theta\sin\theta + \sin^2\theta + \cos^2\theta + 2\cos\theta\sin\theta + \sin^2\theta}$$
$$= \sqrt{2\cos^2 \theta + 2\sin^2 \theta}$$
$$= \sqrt{2(\cos^2 \theta + \sin^2 \theta)}$$
$$= \sqrt{2}$$

したがって、Pにおける接線の単位方向ベクトルは次のようにあらわされる。

$$\frac{1}{\sqrt{2}} (\cos \theta - \sin \theta, \ \cos \theta + \sin \theta)$$

OPの単位方向ベクトルは$(\cos \theta, \ \sin \theta)$である。

Pにおける接線とOPとのなす角をαとすると、ふたつのベクトルの内積は、

$$1 \cdot 1 \cdot \cos \alpha = \cos \alpha$$

であるから、

$$\cos \alpha = \frac{1}{\sqrt{2}} (\cos \theta - \sin \theta, \ \cos \theta + \sin \theta) \cdot (\cos \theta, \ \sin \theta)$$

$$= \frac{(\cos \theta - \sin \theta) \cos \theta + (\cos \theta + \sin \theta) \sin \theta}{\sqrt{2}}$$

$$= \frac{\cos^2 \theta - \sin \theta \cos \theta + \cos \theta \sin \theta + \sin^2 \theta}{\sqrt{2}}$$

$$= \frac{\cos^2 \theta + \sin^2 \theta}{\sqrt{2}}$$

$$= \frac{1}{\sqrt{2}}$$

つまり、$0 \leqq \alpha \leqq \pi$ とすると、 $\alpha = \dfrac{\pi}{4} = 45°$ となる。この螺旋上のすべての点の接線は、原点とその点を結ぶ直線と $\dfrac{\pi}{4}$ で交わっている。

ハヤブサが、進行方向の右45°の方向に目標をとらえて接近していくとき、この螺旋を描くというわけだ。

あとがき

　映画やドラマで人気の『トリック』の主人公のひとり、日本科学技術大学の上田次郎教授（もちろん架空の人物だ）は、「科学ですべて解明できる」と豪語し、果敢に超常現象に挑戦していく。わたしも子供の頃は、科学ですべて解明できると思っていた。時代の雰囲気でもあったと思う。

　しかしこれは、ニュートンからはじまる科学革命の偉大な成功に幻惑された、壮大なまぼろしに過ぎなかった。

　複雑系を発見した現代の科学者は、人類はいまだ何も理解していない、ということを痛感している。

　実数のほぼ100％を占めている超越数について人類はほとんど無知であるのと同様、この宇宙について人類が知っていることはごくわずかに過ぎない。そのカギを握っているのは複雑系の科学だ。

　複雑系の科学はこれから、自然科学や数学、いや人間のかかわるすべての分野にドラスティックな変化をもたらしていくはずだ。

　そしてその中でもまた、近代の数学のスーパースターであった e は大活躍するのではないか、とわたしは思っている。

　この本を読んだ若い読者が50年後、複雑系を表現する数学の中における e の活躍をまったく異なる観点から描く新しい『世界は「e」でできている』を書いてくれるとうれしいな、と夢想しながら、このような楽しい本を書く機会をくださったブルーバックスの編集者、山岸浩史氏に感謝の意を表しつつ、筆をおこうと思う。

さくいん

N.D.C.410　　241p　　18cm

ブルーバックス　B-2188

世界は「e」でできている
オイラーが見出した神出鬼没の超越数

2021年12月20日　第1刷発行

著者	金重明
発行者	鈴木章一
発行所	株式会社講談社
	〒112-8001　東京都文京区音羽2-12-21
電話	出版　03-5395-3524
	販売　03-5395-4415
	業務　03-5395-3615
印刷所	（本文印刷）株式会社新藤慶昌堂
	（カバー表紙印刷）信毎書籍印刷株式会社
製本所	株式会社国宝社

ISBN978-4-06-526516-1

発刊のことば

科学をあなたのポケットに

　二十世紀最大の特色は、それが科学時代であるということです。科学は日に日に進歩を続け、止まるところを知りません。ひと昔前の夢物語もどんどん現実化しており、今やわれわれの生活のすべてが、科学によってゆり動かされているといっても過言ではないでしょう。

　そのような背景を考えれば、学者や学生はもちろん、産業人も、セールスマンも、ジャーナリストも、家庭の主婦も、みんなが科学を知らなければ、時代の流れに逆らうことになるでしょう。

　ブルーバックス発刊の意義と必然性はそこにあります。このシリーズは、読む人に科学的に物を考える習慣と、科学的に物を見る目を養っていただくことを最大の目標にしています。そのためには、単に原理や法則の解説に終始するのではなくて、政治や経済など、社会科学や人文科学にも関連させて、広い視野から問題を追究していきます。科学はむずかしいという先入観を改める表現と構成、それも類書にないブルーバックスの特色であると信じます。

一九六三年九月

野間省一

ブルーバックス　数学関係書（I）